WEAPON

하루 한 권, 중화기의 과학

가노 요시노리 지음　　김현정 옮김

전투를 승리로 이끄는 전략과 무기 메커니즘

가노 요시노리

1950년 출생하였으며, 자위대 가스미가우라 항공학교 출신이다. 북부방면대(北部方面隊: 육상자위대 방면대 중 하나) 근무 후 무기 보급처 기술과 연구반에서 근무하였으며, 2004년 정년 퇴관하였다. 저서로는 사이언스 아이 신서인 『총의 과학 銃の科学』, 『저격의 과학 狙撃の科学』, 이 외에 『철포를 쏴라 100! 鉄砲撃って100!』, 『스나이퍼 입문 スナイパー入門』, 『자위대 89식 소총 自衛隊89式小銃』, 『중국군 vs 자위대 中国軍VS自衛隊』, 『세계의 GUN 바이블 世界のGUNバイブル』 등 다수가 있다.

중화기(重火器)란 무엇일까? 전 세계적으로 공통된 명확한 정의는 없다. 일본 국내에도 명확한 정의가 없다. 화기, 즉 화약의 힘으로 탄환을 발사하는 것을 파이어 암즈(fire arms)라고 하고, 권총이나 소총 등을 소화기(스몰 암즈: small arms)라고 하지만, 헤비 암즈라고 하는 무기 용어는 없다.

중화기에 해당하는 영어로 아티럴리(artillery) 또는 헤비 웨폰(heavy weapon)이라는 말이 있다. 아티럴리는 대포를 의미하는데, 헤비 웨폰은 대포에 국한되지 않고 지대지 미사일이나 전차 등 보병의 장비가 아닌 큰 무기를 말한다.

국제 분쟁이 일어났다가 정전이 결정되어 병력 철수에 대한 논의가 이루어질 때 '이 선에서 몇 km 이내에는 중화기를 배치하지 않는다'라고 할 때의 중화기는 헤비 웨폰이다. 일본에는 중병기(重兵器)라는 말이 없어서 헤비 웨폰을 중화기라고 번역하는데, 정확한 표현이라고 할 수 없다.

헤비 웨폰에 대응하는 용어로 라이트 웨폰이라는 말이 있다. 또 중화기에 대응하는 용어로 경화기라는 말도 있다. 하지만 이들 단어를 명확히 구분해 주는 기준은 없다. '경화기와 소화기는 뭐가 다를까?' 이 물음에 대한 명확한 답도 없다. '박격포는 경화기(라이트 웨폰)에 해당하지만, 소화기(스몰 암즈)는 아니다'라고 생각하는 것일 뿐이다.

그런데 자위대의 신입 대원 교육 수업에서 경화기에 대한 내용을 다룰 때 소총이나 기관총은 다루지만, 박격포는 다루지 않는다. 그렇다고 해서 박격포를 취급하는 수업을 중화기 수업이라고 부르는 것도 아니며, 그냥 박격포 수업이라고 한다. '박격포 정도는 중화기에 포함되지 않아', '포병대의 대포 정도가 아니면 중화기라고 할 수 없어'와 같은 이미지가 있는 것이다.

상황이 이렇다 보니 엄밀한 기준을 정할 수가 없다.

이 책의 제목을 『중화기의 과학』이라고 지었지만, 사실은 훨씬 넓은 범위를 아우르고 있다. 아무리 생각해도 중화기라고 할 수 없는 지뢰나 수류탄에 관해서도 기술하고 있다. 그건 이 책이 『총의 과학』과 『저격의 과학』을 잇는 무기 과학 시리즈 기획의 일부로 저술되었으며, 총 이외의 육상 전투용 무기인 전차나 미사일 등의 내용을 전체적으로 아우르는 것을 염두에 두었기 때문이다.

그리고 이 책에서는 무기의 메커니즘에 대해 해설할 뿐만 아니라, 군대 조직이 이 무기 메커니즘을 이용해 어떻게 싸움에 임하는가에 대해서도 설명하고 있다. 중화기를 이용하는 전투에 이어 보병부대가 적진에 쳐들어가게 되면 박격포나 무반동포, 지뢰, 소총 척탄, 수류탄이 사용되는 근거리 전투가 벌어진다. 이러한 과정에서 사용되는 무기를 총망라하여 설명하려고 한다.

소화기(총)에 관심 있는 사람은 적지 않다. 보통 남자들은 총에 관심이 있으며, 또 필자가 항상 하는 말로 국민이 총 사용법을 아는 것은 민주주의의 기초이다.

그런데 총에 관심 있는 사람에 비해 중화기에 관심 있는 사람은 매우 드물다(참고로 필자는 대포를 굉장히 좋아한다). 혼자 취급할 수 없으며, 자신이 그 무기의 주인이 아니라 자신도 그 무기 시스템의 일부가 되어 버리는 느낌이라고 할까?

하지만 군사를 이해하려면 중화기를 알아야만 한다. 현대 육상 전투에서는 사상자의 4분의 3이 포폭탄에 의해 발생하며, 중화기를 사용한 전투에서 승리할 수 있으면 소화기를 사용하는 전투를 실시하기 전에 승패는 거의 결정된다고 해도 과언이 아니다(그렇다고는 해도 중화기의 역할은 총이 있는 보병이 승리하도록 길을 열어 주는 것이다).

군사는 정치의 중요한 부분이며, 민주주의 국가의 주권자인 국민이 군사를 이해하지 못한다면 주권자라고 할 수 없다. 단, 주권자인 국민이 이해해야 하는 군사 지식이란 국가 전략 수준의 것이며, 무기 메커니즘은 주권자에게 필수적인 군사 지식은 아니다. 국민은 군사 지식이 있어야 하지만 그렇다고 무기 마니아가 되라는 것은 아니며, 전략 수준의 이야기를 하지 못하는 시야가 좁은 무기 마니아는 군사를 안다고 할 수 없다.

그런데 군대에서 특정 무기가 어떻게 사용되는지에 대한 개요 정도도 모른다면, 주권자로서 방위 문제를 논할 때 말도 안 되는 엉뚱한 얘기를 하게 된다. 이는 참으로 부끄러운 일이다.

그렇기 때문에 이런 무기 관련 책도 일단은 읽어야 한다. 그리고 10% 정도라도 머릿속에 남는다면 민주주의 국가의 주권자로서 합격점을 줄 수 있을 것이다. 만약 일반 시민이 아닌 '조금은 잘 아는 시민'이 되고자 한다면 이 책을 정독하기 바란다.

가노 요시노리

들어가며 ... 3

제1장 중화기의 종류

1-1 화포와 로켓 ... 12
1-2 화포와 로켓의 이해관계 ... 14
1-3 포공 ... 16
1-4 캐넌포, 유탄포, 구포 ... 18
1-5 야포와 산포 ... 20
1-6 박격포 ... 22
1-7 보병포 ... 24
1-8 대전차 소총과 대전차포 ... 26
1-9 자주포와 전차 ... 28
1-10 대전차 자주포 ... 30
1-11 돌격포와 구축전차 ... 32
1-12 바주카 ... 34
1-13 무반동포 ... 36
1-14 속사포와 기관포 ... 38
1-15 고사포와 고사기관포 ... 40
1-16 열차포 ... 42
1-17 지대지 로켓 ... 44
1-18 파리포로 알 수 있는 화포의 한계 ... 46
1-19 지네포 ... 48
1-20 다이너마이트포(공기포) ... 50

COLUMN 1 시제작으로 끝난 전진포 ... 52

제2장 탄의 구조와 종류

2-1 발사약 ... 54
2-2 장약 ... 56
2-3 점화 방식 ... 58
2-4 포탄 ... 60
2-5 전장포 시대의 포탄 ... 62
2-6 신관의 발달 ① ... 64
2-7 신관의 발달 ② ... 66
2-8 작약 ... 68
2-9 유탄과 유산탄 ... 70
2-10 철갑탄과 탄저신관 ... 72
2-11 장탄 장치 부착 철갑탄 ... 74
2-12 열화우라늄탄 ... 76
2-13 대전차 유탄 ... 78
2-14 점착 유탄 ... 80
2-15 조명탄 ... 82
2-16 발연탄 ... 84
2-17 베이스 블리드탄과 분진탄 ... 86
2-18 핵포탄 ... 88
2-19 클러스터탄 ... 90
2-20 독가스탄 ... 92
2-21 액체 장약 ... 94
COLUMN 2 외장식 포탄이란? ... 96

제3장 화포의 구조

3-1 포신의 재료 ... 98
3-2 포신의 구조 ... 100
3-3 라이플포와 활강포 ... 102
3-4 대포의 구경 표시 ... 104
3-5 포신의 수명 ... 106
3-6 포신의 부속품 ... 108
3-7 폐쇄기 ... 110
3-8 주퇴 복좌기 ... 112
3-9 다리와 포판 ... 114

3-10 앙부 장치 116
3-11 방향 장치 118
3-12 평형기 120
3-13 박격포의 특징 122
COLUMN 3 라이플링을 의미하는 일본어는? 124

제4장 포병대의 포격 방법

4-1 사단 126
4-2 포병연대 128
4-3 적의 위치 표시 130
4-4 탄도 계산 132
4-5 신관 선택 134
4-6 조준 136
4-7 전진 관측 138
4-8 역탐지와 반격 140
4-9 효력사와 진지변환 142
4-10 포격 효과와 방호 144
COLUMN 4 야포탄의 관통력은? 146

제5장 지뢰와 폭약

5-1 공병대 148
5-2 지뢰 150
5-3 지뢰밭 설치 152
5-4 지뢰 탐지 154
5-5 지뢰 처리 ① 156
5-6 지뢰 처리 ② 158
5-7 공병용 폭파약 160
5-8 가소성 폭약 162
5-9 폭파용 뇌관 164
5-10 도화선과 도폭선 166
COLUMN 5 지뢰의 표식이란? 168

제6장 보병의 중화기

6-1 보병 170
6-2 보병연대 172
6-3 연대 화력 174
6-4 대전차 부대 176
6-5 대전차 미사일 178
6-6 대전차 로켓과 무반동포 180
6-7 척탄과 수류탄 182
6-8 공격 수류탄과 파편 수류탄 184
6-9 연막 수류탄과 소이 수류탄 186
6-10 소총 척탄 188
6-11 척탄통, 척탄총 190
6-12 수류탄 점화 방식의 종류 192
6-13 보병의 돌격 194
COLUMN 6 박격포의 약점은? 196

제7장 화약과 폭약

7-1 화약류 198
7-2 화약류가 아닌 연료 기화 폭탄 200
7-3 니트로글리세린은 심장병 약 202
7-4 화약과 폭약 204
7-5 무연 화약 206
7-6 발사약의 연소 속도 208
7-7 무연 화약의 변질 210
7-8 피크르산과 TNT 212
7-9 초안과 아마톨 214
7-10 헥소겐과 옥토겐 216
7-11 펜트리트와 테트릴 218
7-12 기폭약 220
7-13 다이너마이트와 칼릿 222
7-14 폭약은 물에 닿아도 폭발 224
COLUMN 7 마이크로 세계에서도 폭파할 수 있다 226

주요 참고 도서 227

중화기의 종류

중화기는 자력으로 이동할 수 있는 것에서부터 보병 한 명이
짊어지고 운반하는 것까지 그 종류가 굉장히 다양하다.
이 장에서는 다양한 중화기의 종류에 관해 설명하겠다.

▲ 육상자위대의 203mm 자주 유탄포

화포와 로켓

로켓탄 발사기는 포가 아니다

포(砲)라는 한자는 고대 전쟁을 테마로 한 영화에 자주 등장하는 투석기라는 의미로, 원래 화약을 사용하는 것이 아니었다. 그런데 지금은 포라고 하면 화약을 사용하여 탄을 날리는 것으로 정착되었다. 기술적인 용어로는 화약을 사용하여 탄을 날리는 것을 화포라고 한다.

중국에서는 포(炮)라는 한자를 사용한다. 예를 들어 일본에서 유탄포(榴弾砲)라고 하는 것을 중국에서는 유탄포(榴弾炮)라고 하며, 일본에서 화포(火砲)라고 하는 것을 중국에서는 화포(火炮)라고 한다. 현대 중국어에서는 포(砲)라는 글자를 전혀 사용하지 않는다고 해도 과언이 아니며, 옛날 투석기에 대해 설명하는 기술에 가끔 등장할 뿐이다.

로켓포라는 말을 들을 때가 있는데, 로켓탄 발사기는 화포(火砲)가 아니다. 로켓탄 발사기 중에는 바주카로 알려진 것처럼 포신으로 로켓을 날리는 것이 있는데, 이 포신은 로켓이 날아가는 방향을 결정하는 역할만 한다. 즉, 로켓탄 자체의 추진력으로 날아간다는 의미이다. 그래서 보통은 포신을 이용하여 로켓탄을 발사하지만, 포신을 이용하지 않고 적이 있는 방향의 땅을 파서 로켓탄을 발사하는 방법도 있다. 그렇기 때문에 로켓탄 발사기는 화포가 아닌 것이다.

이러한 이유로 '로켓포(砲)'라는 용어를 사용하는 사람을 아마추어라고 하는 사람도 있다. 그런데 제2차 세계대전 때 일본에는 분진포(噴進砲)라는 말이 있었고, 중국에는 화전포(火箭炮)라는 말이 있었다. 화전이란 로켓을 의미하는 것으로, 인공위성 발사에 사용하는 로켓도 화전이다. 또 한국에서는 로켓포를 방사포(放射砲, 북한에서 로켓포의 일종인 다연장로켓을 방사포라고 함-역주)라고 하며, 북한과의 무력 충돌 관련 뉴스에서 들을 수 있다.

[그림 1-1] 포는 원래 그림과 같은 투석기였다.

[그림 1-2] 일본에서는 로켓탄 발사기를 화포로 분류하지 않지만, 중국에서는 화전포라고 한다.

화포와 로켓의 이해관계

로켓탄은 대포보다 5~6배 많은 화약이 필요하다

로켓탄은 비행기처럼 자신의 추진력으로 날아가기 때문에 대포처럼 요란한 발사 장치가 필요하지 않다. 다만 지면에서 굴러다니게 방치할 수는 없으므로 발사 방향을 결정하는 거치대, 즉 간단한 발사기는 일단 필요하다.

대포는 매우 무거운 무기이다. 메이지 시대의 38식 야포도 1톤 정도 되었으며, 현재 자위대나 독일군이 사용하는 155mm 유탄포 FH70은 9톤에 달한다. 로켓탄을 사용하면 수십 kg의 발사기로 해결될 것을 어째서 이렇게 무거운 대포를 사용하는 걸까?

로켓탄은 대포와는 비교가 안 될 정도로 명중 정확도가 낮기 때문이다. 로켓탄은 수백 년 전부터 있었고 물론 전쟁에 사용된 적도 있지만, 결국 명중 정확도가 낮다는 이유로 화력 전투의 주역이 되지 못하고 대포가 그 자리를 대신하게 되었다.

또 로켓탄은 같은 무게의 탄두를 같은 거리만큼 날리는 데 대포탄보다 5~6배나 많은 화약이 필요해서 대포보다 효율적이지 않다. 이로 인해 로켓탄은 포탄보다 몇 배나 더 커지고 무거워지며 부피가 커져서, 수백 발이나 되는 탄의 수송을 고려했을 때 대포가 무겁더라도 포탄을 운반하는 것이 트럭 수를 줄일 수 있었다.

그런데 한 발씩 쏘는 대포와 달리 로켓탄은 동시에 수십 발을 발사할 수 있다. 공격 개시 직전 또는 적이 공격을 개시한 순간을 노려 로켓탄 비를 퍼부어 기선을 제압하는 데는 큰 효과를 거둘 수 있다.

[그림 1-3] FH70은 트럭에서 분리하면 사람이 쉽게 운반할 수가 없다. 그래서 포를 옮기는 보조 엔진이 달려 있다.
사진/육상자위대

	74식 105mm 포탄	75식 130mm 로켓탄
전체 길이	838mm	1,856mm
무게	18.9kg	43.0kg
탄두 무게	14.0kg	15.0kg
발사약 양	1.9kg	13.3kg
사거리	14.5km	14.5km

[그림 1-4] 거의 같은 무게의 탄두를 같은 거리만큼 날리는 포탄(좌)과 로켓탄(우) 비교

포공

지금은 사어가 된 해군 용어

일본 해군(이하 해군)은 화기를 포공(砲熕)이라고 불렀다. 옛날 해군은 여기에서 그치지 않고 다양한 방면에서 일본 육군(이하 육군)과는 다른 용어를 사용하고 싶어 했다. 예를 들면 육군에서는 강압(腔圧: 내압)이라고 하는 것을 해군에서는 당압(膅圧)이라고 하였다.

포공이라는 용어는 지금은 사어(死語)가 된 것 같은데, 가끔 군함에 탑재되는 화기에 대한 기사에서 볼 수 있다.

이 공(熕)이라는 글자는 해군이 아니면 거의 사용하지 않았는데, 그렇다고 해서 해군이 마음대로 만든 말도 아니다. 에도 막부 말기 즈음 『국조포공권여록(国朝砲熕権輿録)』이나 『철공주감도(鉄熕鋳鑑図)』와 같은 화포에 대해 저술한 서적에 공(熕)이라는 글자가 나온다. 그런데 중국에서는 이 글자를 전혀 사용하고 있지 않아 한일(漢日)사전을 찾아보니 '일본에서 만든 글자'라고 단정 짓는 내용도 있고 유령 문자라는 말까지 있다.

더 자세히 조사해 보면 중국에도 딱 한 번 명나라 때 대포 중에 동발공(銅発熕)이라고 하는 이름의 무기가 있었다고 한다. 그리고 정성공이 공선(熕船)이라고 하는 군함을 만들었다. 정성공은 조루리(음곡에 맞추어서 낭창하는 옛이야기-역주) 『고쿠센야갓센(国姓爺合戦)』의 모델이 된 인물로, 중국인 아버지와 일본인 어머니 사이에서 태어났다. 히라토(나가사키현)에서 나고 자랐으며, 명이 청에 의해 멸망되었을 때 명을 재건하고자 대만을 거점으로 청과 전쟁을 일으켰다. 그의 군대는 일본식 갑옷과 화승총을 사용하였다. 에도 막부 말기의 일본에서 대포를 공이라고 쓴 책이 나온 것도, 해군이 이 글자를 사용한 것도 정성공의 공선이 영향을 미쳤을 것이다.

[그림 1-5] 현재 포공이라는 말은 사어가 된 것 같다. 사진은 가나가와현 요코스카시 미카사 공원에 보존되어 있는 러일전쟁 승리 기념관 '미카사'이다.

[그림 1-6] 정성공의 공선이 어떻게 생겼는지는 모르지만, 이러한 정크선 형식의 배(중국의 목조 범선)였을 것이다.

캐넌포, 유탄포, 구포

'유(榴)'는 석류를 의미한다

대포를 캐넌포(cannon), 유탄포(howitzer), 구포(mortar)로 분류하기도 한다. 캐넌(加農)포는 포신의 길이가 구경의 30배 이상이며 탄의 속도가 빠른 것을 말한다. 수평에 가까운 각도로 발사하며 탄속도 빨라서 낮은 탄도를 그리며 뻗어 나간다. 유탄포는 포신의 길이가 구경의 10배 이상에서 20배 미만이며, 사거리의 거리보다 큰 탄을 날리고, 포물선 모양의 탄도를 그리며 날아간다. 구포(臼砲)는 포신의 길이가 구경의 10배 미만이며, 글자 그대로 절구처럼 두껍고 짧은 포신에서 탄을 발사한다. 발사 각도가 극단적으로 위쪽을 향하고 있어, 적은 바로 위에서 탄이 떨어지는 것 같은 느낌을 받게 되며 사거리가 매우 짧다.

그런데 이 구분은 수백 년도 전에 만들어진 분류라서 요즘 사정과는 맞지 않는다. 애당초 하우저(howitzer)에는 야전포라는 의미도 있다. 현대 야전포는 사거리를 늘리기 위해 포신이 길어져 유탄포라고 부르지만, 포신의 길이만 보자면 캐넌포에 해당한다.

또 유탄포든 캐넌포든 포신에 큰 앙각(위를 향한 각도)을 걸어 구포와 같은 탄도로 탄을 날리기도 하고, 유탄포로도 낮은 각도에서 탄을 발사하기도 한다. 그렇기 때문에 수백 년 전에 만들어진 이 분류는 '일단 그렇게 분류했었다'라는 정도로 알아 두면 된다.

유탄포의 유는 식물의 석류를 말하는 것으로, 포탄이 석류 열매처럼 튀어서 무수한 파편이 흩날리는 것을 의미한다. 그렇지만 캐넌포든 구포든 유탄을 발사하는 것이라서 하우저를 유탄포로 번역하는 것도 이상하다.

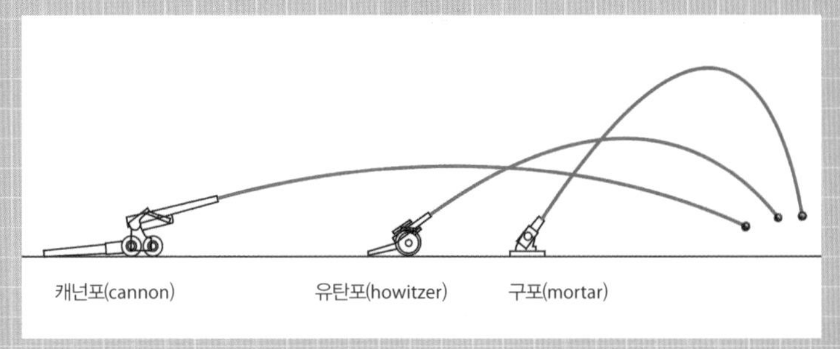

[그림 1-7] 캐넌포, 유탄포, 구포의 탄도 차이

[그림 1-8] 155mm 캐넌포. 유탄포보다 포신이 길다.

[그림 1-9] 155mm 유탄포. 캐넌포보다 포신이 짧다.

야포와 산포

산악지대에서는 대포를 분해하여 운반하였다

야포(野砲, field gun)는 야전포라고도 하며 야전에서 사용되는 가장 일반적인 대포이다. 야포는 보병부대와 같은 속도로 전진하지 못하면 전투 타이밍을 놓치게 된다.

예전에는 대포를 말로 끌었기 때문에 너무 큰 대포는 기동력이 떨어졌다. 이 때문에 구경 약 75mm, 무게 약 1톤, 사거리가 10km에 못 미치는, 요즘 기준으로는 말도 안 되는 무기였다. 그래서 기동력은 떨어지지만, 야포를 지원하기 위해 더욱 강력한 105mm, 122mm, 155mm와 같은 구경의 캐넌포나 유탄포를 배치하는 부대도 있었다.

요즘 대포는 트럭 또는 전용 견인차로 끌거나 애당초 끌지 않고 궤도 차체에 실어 자주포로 이용하기도 한다. 이처럼 큰 대포에 기동력을 더했기 때문에, 말을 이용하던 시대에는 75mm 포를 배치했던 부대가 105mm 유탄포, 더 나아가서는 155mm 캐넌포를 배치하게 되었다.

75mm 야포가 105mm나 155mm의 야포로 대형화한 것이니 역할로 보자면 이렇게 큰 포도 155mm 야포라고 해도 되지만 보통은 유탄포라고 한다.

산포(山砲, mountain gun)는 야포를 끌고 갈 수 없는 산악지대에서 분해하여 말 등에 싣거나 사람이 직접 운반했던 포이다. 무게는 약 500kg 이고, 사거리는 5~6km 정도였다. 현대에 와서는 산악지대에서 대포가 필요하면 105mm급에 사거리도 10km 이상 되는 대포나 이보다 더 큰 155mm급에 사거리도 20km 이상 되는 본격적인 대포를 헬리콥터로 운반한다. 산포는 과거의 유물이 되어 버렸다.

[그림 1-10] 38식 야포. 6마리 말로 끌었다.

[그림 1-11] 41식 산포. 두 마리의 말이 끌었는데, 도로가 없는 곳에서는 분해하여 여섯 마리의 말에 실어 운반했다(최악의 경우에는 사람이 운반했다).

[그림 1-12] 41식 산포의 포신이 안장에 고정되어 있다.

[그림 1-13] 41식 산포의 트레일(다리)이 안장에 고정되어 있다.

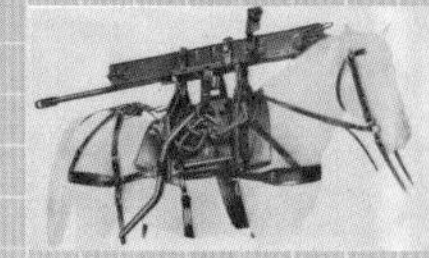

[그림 1-14] 41식 산포의 크레이들(요가)이 안장에 고정되어 있다.

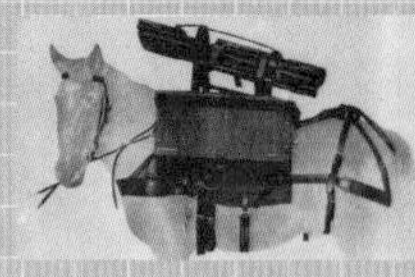

[그림 1-15] 41식 산포의 방패가 안장에 고정되어 있다. 도구 상자도 고정되어 있다.

[그림 1-16] 41식 산포의 포미(砲尾) 등이 안장에 고정되어 있다.

[그림 1-17] 바퀴와 차축이 안장에 고정되어 있다.

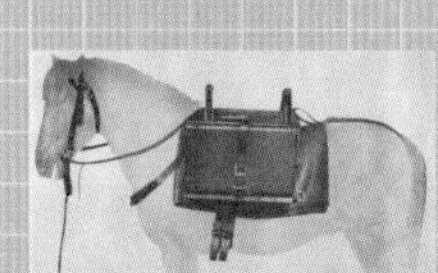

[그림 1-18] 포탄을 안장에 고정하는 방법

[그림 1-19] 41식 산포의 포탄을 격납하는 상자. 철제로 되어 있으며 6발이 들어간다. 상자가 비었을 때는 29파운드(약 13kg), 모든 포탄을 넣었을 때는 118파운드(약 54kg). 두 개의 상자는 안장 좌우에 고정하여 동시에 운반할 수 있다.

사진/『HANDBOOK ON JAPANESE MILITARY FORCES』(미국 육군성)

박격포

보병의 강력한 아군이지만 수평 사격은 불가능했다

1-4에서 소개한 것으로, 예전에 구포라고 하는 무기가 있었는데 절구처럼 두껍고 짧아서 그렇게 부르게 되었다. 구포는 포신이 매우 짧아서 사거리도 짧지만, 소형포로 큰 탄을 쏠 수 있었다. 구포는 탄의 속도가 느려서 사거리를 늘리기 위해서는 포신에 큰 각도를 줘서 쏴야 한다. 그런데 큰 각도로 쏠 경우 예전에는 반동을 흡수하는 장치가 없었기 때문에 바퀴가 있는 포가(포신을 올려놓는 받침 틀-역주)로는 구포를 쏠 수 없었다. 이 때문에 구포를 직접 지면에 대어 발사 충격을 지면에 흡수시켰다.

구포는 포탄을 적의 머리 위에 떨어뜨릴 수 있어서 성을 공격할 때 사용하기도 했지만, 어쨌든 사거리가 너무 짧아서 결국 사용하지 않게 되었다.

그런데 이 구포가 제1차 세계대전에서 다시 모습을 드러냈다. 참호에 숨어 있는 적은 보통 방법으로 포격해도 효과가 별로 없다. 수류탄을 던지기에도 거리가 너무 멀다. 그래서 간단한 쇠 파이프 같은 포신으로 포탄을 발사해 큰 포물선을 그려 머리 위에서 떨어뜨리려고 하였다. 육군은 이것을 박격포라고 부르기로 했지만, 미국과 유럽에서는 '예전 구포의 리바이벌(부활)'이라고 하여 그대로 구포라고 부른다.

박격포는 사거리는 짧지만 구조가 간단하고 소형인 데다 가볍다. 예를 들어 자위대가 사용하는 81mm 박격포 L16의 무게는 38kg이지만, 같은 사이즈의 탄을 발사하는 야포는 무게가 거의 1톤에 달한다. '보병이 짊어 나를 수 있는 대포'라고 해서 보병부대 안에 박격포소대 조직을 만들어 항상 보병과 함께하는 믿음직스러운 화력이 되었다.

[그림 1-20] 자위대도 사용하는 영국제 81mm 박격포 L16

[그림 1-21] 러시아의 160mm 박격포. 박격포는 가볍고 편리하다는 것이 장점으로, 제조가 간단해서 대형 박격포가 야포 대신 배치된 경우도 있다.

보병포

옛날 보병부대가 사용했던 소형 대포

적진이 달 표면처럼 될 정도로 포탄을 쏟아붓고 나서, '이 정도 쐈으면 이제 아무도 살아 있지 않겠지'라는 생각으로 보병이 전진하면, 구멍을 파서 숨어 있던 적이 의외로 많이 살아남아 완강히 저항한다. 그래서 포병대가 적의 기관총좌를 포격할 것으로 생각하는데, 제1차 세계대전 때 보병 소대나 중대에는 무전기 같은 것이 없었다. 보병이 전진할 때 통신병이 전화선을 뻗으며 따라가 포병대에 '앞으로 100m 전, 50m 우측'이라고 말하지만, 수 km나 떨어진 후방에서 쏘기 때문에 좀처럼 명중하지 못하는 데다 애당초 쏴야 하는 목표물이 너무 많았다.

그래서 보병부대는 적의 기관총좌를 소총으로 조준해 쏘는 것처럼 직접 조준해서 쏠 수 있는 보병용 소형 대포를 배치하게 되었다. 이것이 보병포(步兵砲, infantry gun)이다. 1915년에 러시아, 1916년에 프랑스에서 구경 37mm의 보병포가 제작된 것이 시초였던 것 같다. 일본에서는 1917년에 첫 보병포를 제작하였는데, 이것을 저격포(狙擊砲)라고 불렀다. 이 저격포를 1922년에 개량한 것이 11년식 직사 보병포이며, 그 이후에 보병포라고 부르게 되었다.

보병포는 보병이 사용하는 것이어서 크기가 작고 경량이어야 한다. 그런데 37mm 정도로는 튼튼하게 만들어진 토치카(콘크리트로 견고하게 만든 진지-역주)를 파괴할 수 없어, 제2차 세계대전 무렵까지는 구경이 점점 커져 70~75mm 정도의 보병포가 주류를 이루었으며 155mm의 큰 보병포도 있었다. 그런데 제2차 세계대전 후 보병이 무반동포나 로켓 론처를 사용하게 되면서, 보병포는 과거의 유물이 되어 버렸다.

[그림 1-22] 육군의 보병연대에서 배치했던 41식 산포(연대포)

[그림 1-23] 제국 육군의 보병대대에 배치했던 92식 보병포(대대포)

대전차 소총과 대전차포

전차의 장갑에 맞춰 포도 대형화하였다

제1차 세계대전에서 전차가 출현했을 때 보병은 전차와 싸울 수 있는 그 어떤 수단도 갖고 있지 않았다. 그래서 탄에 철심을 넣은 철갑탄을 만들어 대항하였다(보통 총탄은 납을 동피로 감싼 구조). 그러자 전차는 철갑탄에 뚫리지 않기 위해 장갑을 더욱 두껍게 하였다.

이렇게 되면 보병총으로는 더 이상 대항할 수 없어서, 구경 13mm와 같은 대전차 소총(anti-tank rifle)을 제작하였다. 대전차 소총은 사격할 때 어깨뼈가 부러질 정도로 반동이 크다. 이 대전차 소총에 대항하기 위해 전차는 장갑을 더 두껍게 만들고, 대전차 소총도 14.5mm, 20mm로 대구경이 된다. 14.5mm까지는 병사가 혼자 들고 걸을 수 있지만, 20mm가 되면 여러 명이 함께 들어야 한다. 외관은 총처럼 보이지만, 20mm 정도 되면 포라고 하기도 하고 바퀴가 달린 것도 있다. 바로 대전차포(anti-tank gun)의 등장이다.

제2차 세계대전 초기의 대전차포는 구경이 37mm 정도였는데, 전차가 장갑을 강화하면 대전차포도 대형화하는 족제비 놀이(에도시대 후기에 아이들이 했던 놀이로, 두 사람이 한 팀이 되어 차례대로 손등을 꼬집는 놀이-역주)가 이어져 47mm나 50mm, 55mm나 57mm, 이윽고 88mm, 90mm, 100mm까지 대형화되었다.*

대전차포는 전차의 장갑을 뚫어야 하기 때문에 탄을 고속으로 발사해야 한다. 그런데 구경만 크고 탄의 속도가 느리면 전차를 뚫을 수 없다. 탄의 속도를 높이려면 발사약 양을 늘리고 포신을 길게 해야 하는데, 그렇게 하면 결과적으로 크고 무거운 포가 되어 버린다. 이 때문에 결국 대전차포는 같은 구경의 유탄포보다 크고 무거운 무기가 되었다.

---

* 포병대의 대포보다 크고 무거운 대전차포는 항상 보병과 행동을 함께할 수 없다. 그래서 대전차포는 전차 같은 차체에 실은 대전차 자주포로 발전하게 된다.

[그림 1-24] 육군의 20mm 대전차 소총 97식 자동포. 이 포의 탄은 제로전투기의 20mm 기총탄보다 약협이 크고 (즉, 다른 규격의 탄), 30mm 철판을 관통할 수 있다.

[그림 1-25] 독일의 5cm 대전차포 Pak38. 포탄의 초속도는 823m/초로, 500m 거리에서 60° 경사진 60mm 장갑을 관통할 수 있었는데 T-34 전차에는 역부족이었다.

자주포와 전차

전차처럼 보이지만 전차가 아니다

대포는 제1차 세계대전까지 말이 끌었다. 제2차 세계대전에서도 여전히 말이 사용되었지만, 잘 갖춰진 군대에서는 트럭이나 궤도 차체(캐터필러)형 견인차로 대포를 끌게 되었다. 그러다 '견인차로 끄는 것보다 차체 위에 대포를 싣는 게 나을 것 같다'는 생각을 하게 된다.

이것이 바로 자주포(自走砲, self-propelled gun)이며, 중국에서는 자행포(自行炮)라고 한다. 자주포와 달리 말이나 자동차가 끄는 대포를 견인포(towed artillery)라고 한다. 대포를 엔진이 달린 차체에 실으면 자주포가 되므로, 싣는 대포의 종류에 따라 자주 캐넌포, 자주 유탄포, 자주 박격포, 자주 고사포, 자주 대전차포 등으로 부른다.

전차와 자주포는 종류가 다른 것이다. 전차의 원래 임무는 보병과 함께 적진에 돌진하는 것이다. 그렇기 때문에 전차의 대포로 발사하는 것은 직접 조준해서 쏠 수 있는 범위 이내에 있어야 한다. 또 적을 향해 돌격하는 것이 전차의 임무이기 때문에 적탄에 견딜 수 있도록 장갑을 두껍게 한다.

그러나 자주포의 임무는 10km 또는 20km 떨어진 산 너머의 보이지 않는 적을 향해 발사하는 것이기 때문에, 자주포는 기본적으로 적에게 공격당하는 일이 거의 없다. 그래서 전차처럼 장갑이 두껍지 않으며, 포를 겉으로 드러낸 것도 있고, 포를 궤도 차체뿐만 아니라 트럭의 적재함에 실은 차륜 차량 자주포도 있다. 대포에 엔진이 있어 달릴 수만 있으면 자주포인 것이다. 그렇지만 대전차 자주포와 돌격포는 전차와 꽤 비슷해서 혼동하기 쉽다. 대전차 자주포는 적의 전차와 교전하고, 돌격포도 전차처럼 보병과 함께 돌격하는 자주포이기 때문이다.

[그림 1-26] 육상자위대의 74식 105mm 자주 유탄포. 이 자주포는 향후 위력이 부족할 것으로 판단되어 20량 배치된 것을 마지막으로 모습을 감추게 되었다.

[그림 1-27] 전차와 같은 포탑이 없어도, 요컨대 엔진이 있고 자력으로 이동할 수 있는 대포라면 자주포이다. 사진은 육상자위대의 203mm 자주 유탄포이다.

사진/육상자위대

대전차 자주포

이론상 전차가 있으면 자주포는 필요 없지만…

전차가 점점 장갑을 두껍게 하고 대전차포도 장갑을 뚫기 위해 점점 대형화하자, 대전차포는 더 이상 보병이 간편하게 옮길 수 없게 되었다. 그래서 궤도형 차체에 대전차포를 실은 대전차 자주포(self-propelled anti-tank gun)가 등장하게 되었다.

그런데 보병 100명에 대전차 자주포 1문을 배정한 10개 부대가 전선에 배치됐다고 가정해 보자. 여기에 적의 전차 10대가 덮쳐 왔는데, 이 10대가 단체로 한 보병부대씩 차례대로 공격하면 어떻게 될까? 명중률은 대전차 자주포와 전차 모두 10%라고 하자. 10대의 전차가 1문의 대전차 자주포를 격파할 수 있는 가능성은 100%, 이에 비해 1문의 대전차 자주포가 적의 전차를 격파할 수 있는 가능성은 10%이다. 결국 전차 부대는 한 대 또는 최악의 경우 두 대의 손해로 10문의 대전차 자주포를 격파할 수 있게 된다.

그래서 대전차 자주포는 이렇게 격파되지 않기 위해 보병부대에 각각 배치하지 않고, 10문이 동시에 적의 전차 부대에 대항해야 한다. '그럼 전차와 뭐가 달라?', '처음부터 전차 부대로 만들면 되지 않나?'라는 말이 나오게 된다. 하지만 그렇게 하면 대전차 자주포를 잃게 된 보병은 불평을 늘어놓을 것이다.

이 때문에 보병부대에 힘을 실어 주는 대전차 자주포는 대체로 구형 전차를 개조하여 작은 포만 적재했던 포탑을 제거한 차체에 큰 포를 실었다.

그런데 현대 보병은 대전차 미사일을 사용하게 되어 대전차 자주포를 보유하고 있는 나라가 거의 없다.

[그림 1-28] 러시아의 SU-100 대전차 자주포. T-34 전차(85mm 포 장착)의 차체를 이용하여 100mm 포를 탑재한 것. 1,000m 거리에서 135mm의 장갑을 관통했다.

[그림 1-29] 독일의 1호 대전차 자주포. 원래 20mm 포를 탑재했던 구형 1호 전차를 개조하여 47mm 대전차포를 실었다.

돌격포와 구축전차

독일군만 사용했던 용어

1-7에서 소개한 보병포도 대형화하여 사람이 운반할 수 없게 되자 전차와 같은 차체에 싣게 되었다. 이 보병포는 자주 보병포라고 하지 않고 그냥 자주포라고 불렀는데, 제2차 세계대전 때 독일군은 이것을 돌격포(突擊砲, Sturmgeschütz)라고 불렀다. 돌격포는 원래 자주 보병포라고 불러야 했다. 그렇기 때문에 탄의 속도는 느려도(관통력이 약함) 폭발력이 큰 탄을 발사할 수 있는, 두껍고 짧은 대포를 싣는 것이 일반적이다. 그런데 적의 전차와 맞닥뜨렸을 때를 고려하여 구경은 줄이더라도 탄이 속도를 낼 수 있는(관통력이 강함) 포신이 긴 대포를 싣게 된다.

다만 이렇게 되면 '그럼 대전차 자주포와 뭐가 달라?'라는 의문이 생긴다. 게다가 보병부대에 소속되지 않아 돌격포 부대를 만들어 적의 전차 부대와 교전하였기 때문에 대전차 자주포는커녕 '포탑이 회전식이 아닌 전차'라고밖에 할 수 없었다. 차체에 직접 포를 싣기 때문에 회전 포탑식보다 차체에 비해 큰 포를 실을 수 있고 구조도 간단해서 전차보다 저가에 제작할 수 있다. 전쟁에서는 1대라도 더 많은 전차가 필요하기 때문에 원래 전차가 아닌 것을 전차로 사용하게 된 것이다.

돌격포는 포병대가 사용했다. 그런데 이 돌격포가 대용 전차로 활약하는 것을 보고 전차 부대도 돌격포와 비슷한 것을 제작하였고, 이것을 구축전차(Panzerjäger)라고 불렀다. 구축전차가 돌격포와 다른 점은 전차부대가 사용하여 적의 전차를 겨냥하는 데 특화되어 있다는 점이다. 그리고 영어에 Tank Destroyer(전차구축차)라는 말이 있는데, 구축전차와는 그 의미가 미묘하게 다르다.

[그림 1-30] 궁극적인 돌격포라고 할 수 있는 독일의 슈투름티거

[그림 1-31] 독일의 구축전차 야크트판터. 판터전차(75mm 포 장착)의 차체를 이용하여 88mm 포를 탑재한 것. 100m 거리에서 186mm의 장갑을 관통했다.

사진/독일연방 공문서관

바주카

보병이 어깨에 메고 쏘는 로켓탄 발사기

대포는 어쨌든 무겁다. 보병포로 사용하기 위해 작은 대포를 만들었지만 위력이 약하다. 크게 만들면 보병이 편하게 옮길 수가 없다 — 결국 제2차 세계대전 후반 즈음부터 보병은 전차에 대항하거나 토치카 등을 무너뜨리기 위해 로켓탄 발사기(rocket launcher)나 무반동포(1-13 참조)를 사용하게 되었다. 이 중 가장 먼저 등장한 것이 미군이 사용한 구경 60mm의 M1 대전차 로켓탄 발사기이다. 독일은 이것을 모방하여 구경 88mm의 판처슈렉을, 육군은 시제품 4식 7cm 분진포를 제조하였다.

미국에 번즈라는 코미디언이 특대 사이즈의 나팔을 바주카라는 이름을 붙여 사용하였다. 미국 병사들은 '자신들이 사용하는 어깨 발사식 대전차 로켓탄 발사기가 이 특대형 나팔 같다'고 해서 바주카(bazooka)라고 불렀다. 미군의 바주카는 6 · 25 전쟁 때 구경 89mm M20으로 대형화하였고, 이전까지 바주카라고 불렀던 것을 그 후에 개발된 것부터 바주카라고 부르지 않게 되었다.

자위대에서는 20세기 말까지 미국제 M20 로켓 론처를 사용했는데, 자위대원은 이것을 바주카라고 부르지 않고 로켓 론처를 줄여 로케론이라고 불렀다. 그런데 로켓 론처라고 하면 대포처럼 큰 것도 로켓탄을 발사하는 것은 모두 로켓 론처라서, 특히 병사가 혼자 들고 쏘는 것은 휴대 로켓탄 발사기라고 불렀다. 한편 중국에서는 단병화전통(単兵火箭筒)이라고 한다.

[그림 1-32] 제2차 세계대전에서 미군이 사용한 60mm 로켓탄 발사기 M1

사진/미 육군

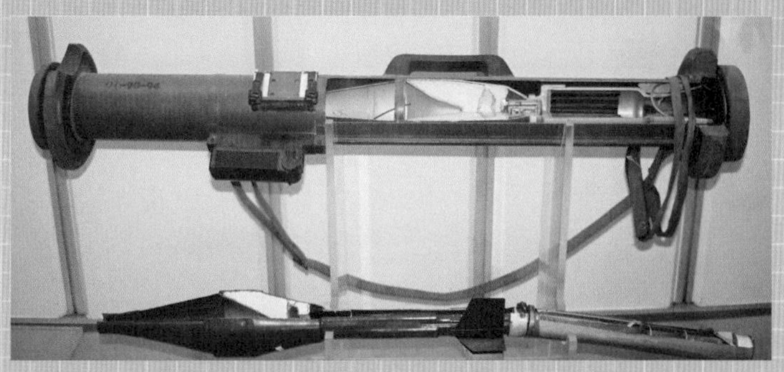

[그림 1-33] 중국군의 89식 단병화전통. 구경은 80mm, 무게는 3.7kg으로 경량의 일회용 대전차 무기. 65°로 경사진 두께 189mm의 장갑을 관통하며, 유효 사거리는 300m이다.

무반동포

로켓탄보다 명중률이 높다

무반동포(無反動砲)는 로켓탄 발사기와 비슷하지만 전혀 다르다(하지만 둘의 중간 단계에 있는 것도 꽤 있다). 로켓탄 발사기의 경우 로켓탄은 자체 추진력으로 비행하기 때문에 발사기는 알루미늄이나 글라스 파이버도 상관없다. 이에 반해 무반동포는 화약의 힘으로 포탄을 발사하는 화포로, 포탄을 앞으로 발사하는 것과 같은 힘의 폭풍(폭탄이 발사될 때 나오는 강력한 바람-역주)을 뒤로 내보내 반동이 제로가 된다.

이 때문에 무반동포는 로켓탄 발사기와 달리 포신을 튼튼하게 만들어야 하므로 당연히 무겁다. 구경 89mm M20 로켓탄 발사기의 무게는 6kg밖에 되지 않지만, 칼 구스타프 84mm 무반동포는 16kg이나 된다. 게다가 엄청난 폭풍을 뒤로 내뿜어서 심한 흙먼지를 일으켜, 한 발만 쏴도 어디에서 쐈는지 적들이 쉽게 알 수 있다(그래서 1발 쏘면 바로 도망간다).

그런데도 무반동포가 사용되는 이유는 로켓탄은 기온이나 기압, 바람의 영향을 쉽게 받고 명중 정확도가 매우 나쁘기 때문이다. '무게가 6kg으로 가볍지만 적의 전차 100m 이내에 접근해야 하는 로켓탄 발사기와, 무게가 16kg이나 되지만 400m 떨어진 곳에서 명중시킬 수 있는 무반동포가 있다. 어느 것을 가져가겠는가?'라고 묻는다면 고민될 것이다.

무반동포는 이유는 모르겠지만 영어로 리코일리스 라이플(recoilless rifle)이라고 한다. 이것을 무반동 라이플이라고 번역하면 안 된다. 지프나 장갑차에 싣는 대형포도 리코일리스 라이플이라고 하기 때문이다. 한편 중국에서는 무좌력포(無座力炮)라고 한다.

[그림 1-34] 자위대도 사용하는 스웨덴의 84mm 무반동포. 튼튼한 청년이라면 가볍게 들 수 있지만, 다른 장비도 몸에 장착한 상태에서 10km나 20km 행군을 하면 결국 허리에 통증을 느낀다.

[그림 1-35] 중국군의 78식 82mm 무좌력포. 무게 34.1kg(포신만 26kg), 초속도는 252m/초. 65˚ 경사진 150mm 장갑판을 관통한다.

속사포와 기관포

믿을 수 없을 정도로 발사 속도가 느린 속사포도 있다

속사포(速射砲, quick-firing gun 또는 rapid-firing gun)라고 하는 용어에는 정의가 없다. '그저 빨리 쏠 수 있는 포'라는 의미이다. 러일전쟁에서 사용된 31년식 속사야포 등은 1분 동안 몇 발밖에 쏘지 못했지만, 에도시대의 대포와 비교하면 그래도 빨리 쏠 수 있었기 때문에 속사포라고 불렀다. 또 제2차 세계대전 무렵 육군에서는 대전차포를 속사포라고 불렀다. 발사 반동으로 인해 폐쇄기가 자동으로 열리기 때문에 야포보다 다음 탄 장전이 다소 빨라져 분당 10~15발 정도 쏠 수 있게 되었으니 당시에는 속사포였을 것이다.

청일전쟁 때는 군함에 실리는 대포를 '1분에 몇 발만 쏴도 속사포'라고 불렀다. 그런데 그 속도가 당연시되자 그 후에 만들어지는 대포는 속사포라고 부르지 않았다.

해상자위대의 호위함에도 싣는 이탈리아의 오토멜라라 사의 76mm 속사포는 분당 85발 발사한다. 이 속사포의 개량형인 76mm 슈퍼 래피드 포는 분당 120발, 127mm 포는 분당 40발 발사하는데, 이 포는 군함에 실려 큰 동력을 사용할 수 있기 때문에 이 속도를 낼 수 있다. 호위함에는 분당 20발 정도 쏠 수 있는 미국제 127mm 포도 실려 있다. 이들 포를 속사포라고 부르지는 않지만, 수십 년 전이었다면 충분히 속사포라고 했을 것이다.

스웨덴의 보포스 40mm 기관포는 분당 120발 정도 발사할 수 있는데, 이렇게 되면 '속사포와 기관포의 차이가 뭐지?'와 같은 의문이 든다. '이유는 모르겠지만 40mm 이하는 기관포, 이것보다 크면 속사포'라고 부른다.

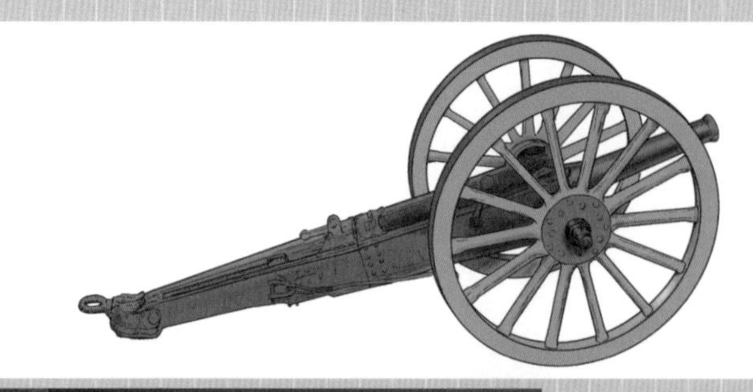

[그림 1-36] 31년식 속사야포. 에도 시대의 대포보다 빨리 쏠 수 있어서 속사라는 이름이 붙었지만, 1분에 몇 발밖에 쏘지 못했다.

사진/MKFI

[그림 1-37] 요즘 군함에 탑재되는 76mm 속사포는 분당 85발, 120발의 속도로 발사한다.

사진/미 해군

고사포와 고사기관포

해군은 고사포를 고각포라고 불렀다

제1차 세계대전에서 비행기가 등장하자 이 비행기를 격추하기 위해 고사포(高射砲, anti-aircraft gun)와 고사기관포가 제작되었다. 기관포는 영어로 auto cannon이라고 하고, 고사기관포는 anti-aircraft automatic weapon이라고 부른다. 다만 이 용어에는 고사기관총이라는 의미도 포함되어 있다. 대공포나 대공기관총이라는 표현도 있는데 같은 의미이다. 중국에서도 고사포나 고사기관포는 고사기포(高射機炮)라고 한다.

제2차 세계대전 무렵까지는 고사포와 고사기관포의 차이가 뚜렷했다. 고사포는 탄을 한 발씩 장전해서 쏘는 것이었고, 고사기관포는 풀 오토매틱으로 연속 발사가 가능했다. 그런데 제2차 세계대전 후 구경 75mm 정도의 고사포도 풀 오토매틱 사격이 가능해졌다. 이렇게 되면 고사포와 고사기관포의 차이가 없어진다.

해군은 고사포를 고각포라고 불렀는데, 이것도 같은 의미이다. 그러나 현대의 군함에 실리는 대포는 비행기 격추를 고려하여 제작되어도 고각포라고 부르지는 않는다.

자동포라는 용어가 있는데 이 또한 명확한 정의가 없다. 육군에는 97식 자동포라는 구경 20mm의 대전차 소총이 있는데 세미 오토매틱이어서 자동포라고 불렀다. 그런데 '세미 오토니까 자동포'라고 하는 것은 일본군이 그렇게 불렀던 것뿐이다. 기관포는 영어로 auto cannon이지만, 독일어로는 Maschinenkanone이어서 자동포와 기관포 모두 같은 의미이다.

한편 97식 자동포는 대전차 소총이지만, 현지 부대에서 풀 오토로 개조하여 고사기관포로도 사용되었다.

[그림 1-38] 중국군의 100mm 고사포. 무게는 약 9.5톤으로 약 30kg의 포탄을 초속도 900m/초, 15발/분 속도로 발사한다. 최대 사거리는 21km, 최대 발사 높이는 1.4km이다.

[그림 1-39] 중국군의 37mm 쌍련 고사기관포. 약 1.4kg의 포탄을 초속도 866m/초, 포신 한 대당 480발/분의 속도로 발사한다. 최대 사거리는 6.7km, 유효 사거리는 3.5km이다.

열차포

최대 열차포는 포신 길이가 32m나 된다

대포는 큰 위력이 요구되어 점점 대형화하였지만, 너무 커지면 도로로 운반이 힘들어진다. 그래서 철도로 운반하는 열차포(列車砲, rail-way artillery)가 제작되었다. 사격할 때는 포가 적을 향해야 하기 때문에 선로를 커브하는 공사를 해야 한다. 이 때문에 철도 공병이 같이 이동해야 했다.

열차포는 구경이 200mm 정도는 작은 편이고 280mm, 320mm, 370mm 등 다양한 구경으로 제작되었다. 특히 제2차 세계대전에서 독일군이 사용한 80cm 열차포가 유명하다. 포신의 길이는 32.48m로, 포신의 무게만 400톤이며 전체 무게는 1,350톤에 이른다. 포탄은 4.8톤과 7.1톤이 있으며, 4.8톤 포탄은 초속도가 820m/초, 사거리는 48km, 7.1톤 포탄은 초속도가 720m/초, 사거리는 38km였다.

이 포의 운용에는 소장을 지휘관으로 하는 1,500명의 인원이 필요했으며, 이 포를 호위하는 보병이나 고사포 부대 등 4,120명의 부대 지원이 필요했다.

애당초 80cm 열차포는 2문밖에 제조되지 않은 특수한 것이었다. 독일의 열차포 중에서 대표적인 열차포라고 할 수 있는 K5는 구경이 280mm, 포신 길이 21.5m, 포신 무게 85톤, 총 무게가 218톤, 사거리는 61km나 되며, 도버 해협 건너편의 영국을 포격했다. 그런데 열차포는 둔중하고 공중 공격에 약했는데 비행기나 지대지 미사일의 발달로 활약의 장을 잃게 되면서, 제2차 세계대전을 마지막으로 배치하는 나라가 없어졌다.

[그림 1-40] 독일의 80cm 열차포. 세계 최대의 거포였다. 1,000마력의 디젤 기관차 2량으로 견인하였으며 복선에 걸쳐 달렸다. 포신의 수명은 약 100발이었다.

[그림 1-41] 런던의 제국전쟁박물관에 소장되어 있는 80cm 포탄(좌). 7.1톤짜리 포탄은 두께 7m의 콘크리트를 관통하는 위력을 자랑하며, 러시아의 세바스토폴 요새 지하 30m에 있는 탄약고를 날려 버린다.
사진/Megapixie

지대지 로켓

명중 정확도가 낮을 때는 많이 쏘면 된다

로켓탄은 수백 년 전부터 전쟁에서 사용되었는데, '명중 정확도가 낮다', '탄의 부피가 커서 많은 양을 운반하기 힘들다'는 점 때문에 본격적으로 사용되지는 않았다. 하지만 로켓탄은 대포와 달리 얇은 쇠 파이프로 발사할 수 있으며 그것조차 없는 경우에는 레일 모양 발사기에서도 쏠 수 있다.

예를 들어 구경 122mm 대포는 트럭 1대로 끄는 데 반해 122mm 로켓탄은 40개나 묶은 발사기를 트럭에 실을 수 있다. 또 대포는 3~4발 쏘는 데 1분이 걸리지만, 로켓탄은 40발 연속 쏘는 데 20초밖에 걸리지 않는다. 명중 정확도가 낮다고 해도 1km 사방에 1만 발 쏘는 것처럼 면적으로 제압하는 데는 효과적이다.

적을 향해 돌격하기 직전 또는 적이 공격을 개시한 순간에 기세를 꺾기 위해 로켓탄 비를 뿌리는 것은 매우 효과적이어서, 제2차 세계대전 때부터 다연장 로켓 발사기(multiple rocket launcher)를 자주 사용하게 되었다.

또 멀리 떨어진 적에게 큰 탄을 쏘고 싶을 경우, 대포는 열차포를 보면 알 수 있듯이 너무 커져서 비효율적이다. 오히려 로켓이 큰 탄을 간단히 발사할 수 있다. 예를 들어 러시아의 프로그7은 길이 9.1m, 지름 54cm, 무게 2.5톤, 사거리 70km의 로켓탄을 전용 트럭에 한 발 실을 수 있으며 총 무게가 17.2톤이다. 그런데 명중 정확도가 낮고 반수필중계가 500m* 라고 한다. 이처럼 로켓은 명중 정확도가 낮아서 장거리로 쏘기 위해서

* 발사한 로켓탄의 50%가 목표물 500m 이내에 착탄하는 것을 의미한다.

는 유도장치를 장착하여 지대지 미사일로 사용하거나 핵탄두 또는 클러스터탄(2-19 참조)을 사용하여 면적으로 제압하게 된다.

[그림 1-42] 한때 자위대가 보유했던 75식 130mm 다연장 로켓. 사거리 14.5km의 130mm 로켓탄 30발을 발사한다. 이러한 종류의 탄은 트럭에 탑재하여 수를 늘려야 했다는 비판이 있다.

[그림 1-43] 과거에 자위대가 보유했던 R30 지대지 로켓. 지름 337mm, 전체 길이 4.6m, 1발 573kg, 사거리 28km의 로켓탄(무유도라서 미사일이 아님) 2발을 탑재한다.

파리포로 알 수 있는 화포의 한계

포신은 자체 무게 때문에 아래로 처지고, 수명도 50발 정도이다

제1차 세계대전에서 독일군은 구경 210mm, 포신 길이 36m의 열차포를 제작하여 120km 떨어진 파리를 포격했다. 독일군은 이 포를 카이저 빌헬름포라고 불렀다. 그런데 파리 포격 전용으로 사용한 것에서 지금도 파리포(베르타포-역주)라는 별칭으로 알려져 있다.

무게 120kg의 포탄은 1,600m/초 속도로 발사되며, 170초 동안 공중을 비행할 수 있었다. 보통 발사약 양은 포탄 무게의 3분의 1이면 많은 편인데, 이 포는 포탄 무게보다 많은 195kg의 발사약을 사용했다. 약실의 내경은 40cm, 길이는 3.6m나 된다.

포신이 너무 가늘고 길어서 자체 무게 때문에 아래로 처져 현수교처럼 포신을 위에서 매다는 구조물이 설치되어 있었는데, 발사 충격으로 포신이 격렬히 진동했다고 한다.

이런 상황이다 보니 명중 정확도도 낮고, 장약 온도를 항상 21℃로 유지해야 할 정도로 신경을 썼는데도 불구하고 반수필중계는 전후 3.2km, 좌우 1.2km로 컸다.

상식과 달리 많은 장약을 사용하여 초속도를 높이려고 했기 때문에, 포신 수명은 50~60발, 포탄은 발사하는 순서에 맞춰서 미묘하게 지름이 큰 것을 사용하게 되었다. 그리고 포신이 마모되면 21cm였던 구경을 24cm로 늘려 24cm 포로 사용하였다.

이처럼 기존의 화포로 포신을 길게 하거나 장약 양을 늘려 초속도를 높이고 사거리를 늘리는 것은 이 정도가 한계로, 이 벽을 넘기 위해서는 기존의 화포와는 다른 발상의 전환이 필요했다.

그런데 포신은 포탄과의 마찰로 마모되는 것이 아니다. 마찰로 해지는 것이라면 포탄의 속도가 빨라지는 전방만큼 마모가 심해질 텐데 실제로는 그렇지 않았다. 온도나 압력이 높은 약실 부근이 가장 소모가 심하다. 쇠가 증발할 정도로 고온이 될 리는 없지만, 발포 순간 몇 μm 정도 증발이라도 한 것처럼 연소하여 줄어든다. 이것을 침식이라고 하며 영어로는 이로전(erosion)이라고 한다.

[그림 1-44] 독일군이 카이저 빌헬름포라고 불렀던 파리포는 1문의 포 제조비가 중형 폭격기 100기 분량에 상당하는, 효율이 매우 나쁜 병기였다.

지네포

사담 후세인도 계획한 장거리 포

기존 화포 기술로는 파리포로 알 수 있듯이 사거리 백 수십 km가 한계였으며, 비용 대비 효과가 매우 나빴다. 그래서 제2차 세계대전 말기, 조금씩 발상을 전환하여 만든 것이 독일의 지네포이다.

기존의 화포 약실은 포신 바닥에 한 군데 있을 뿐이었다. 그런데 이 지네포는 포신이 매우 길고 지네 다리처럼 다수의 약실이 돌출되어 있다. 포탄은 처음에 바닥 약실의 장약으로 발사되어 앞으로 나아가는데 이때 옆에 있는 약실을 통과할 때마다 차례차례 그 약실의 장약이 연소하여 포탄의 바닥 부분에 압력을 가한다.

정확한 타이밍에 순서대로 장약을 점화해야 하기 때문에 기술적인 어려움은 있지만, 압력과 온도가 그다지 높아지지 않기 때문에 일반적인 쇠 파이프로 포신을 만든다.

다만 매우 긴 포신이 필요했기 때문에 산의 사면을 이용하여 설치하였다. 땅속에서 경사면 위로 이어지는 터널처럼 만든다. 포신은 구경 15cm, 길이 150m이며 약실이 28개 있다. 초속도는 1,600m, 사거리는 88km였다.

그런데 역시 최적의 타이밍에 다수의 약실에서 발화하기가 어려워 실용화하기도 전에 제2차 세계대전이 끝나 버렸다.

이 기술에 주목한 사람이 이라크의 독재자였던 사담 후세인이다. 구경 350mm, 사거리 700km의 포신을 완성시켰을 뿐만 아니라 이보다 더 큰 구경 1m 포신의 거대한 지네포를 만들어 스커드 미사일을 날리려고 계획했던 것 같다. 하지만 그 거대한 지네포를 완성하지 못한 채 사담 후세인 정권은 막을 내렸다.

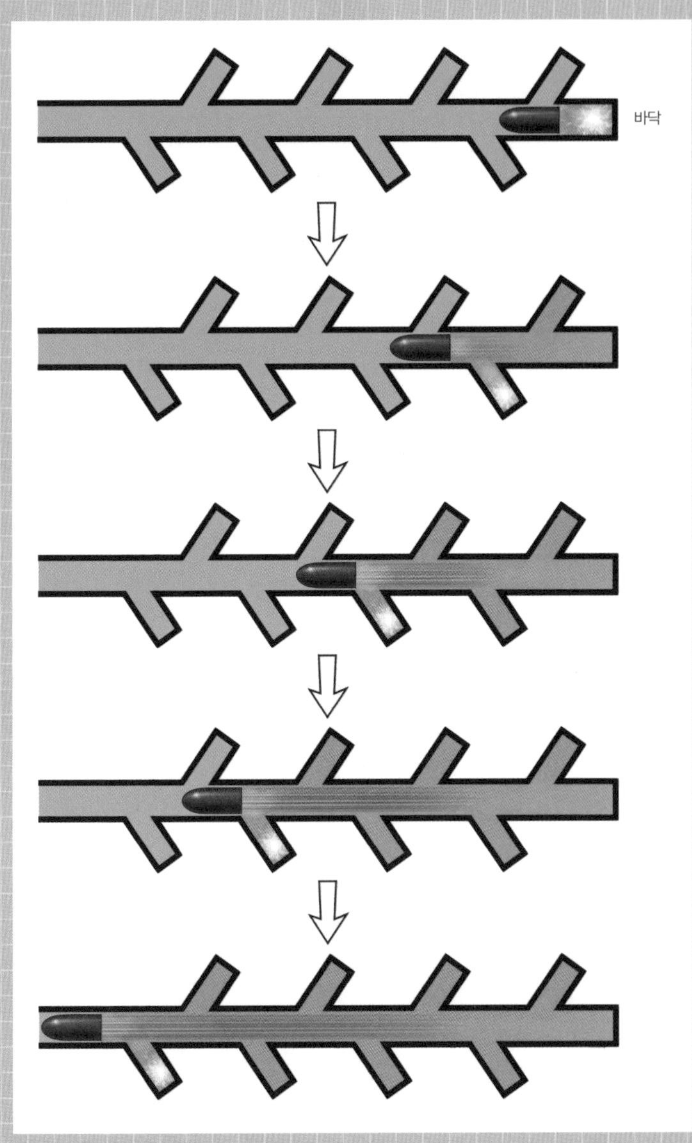

[그림 1-45] 처음에는 기부(제일 아래)의 장약에 점화하고, 포탄이 전진함에 따라 통과한 직후 위치의 화약에 차례차례 점화한다.

다이너마이트포(공기포)

19세기 말 미국에서 약 20년간 사용되었다

오늘날처럼 각종 폭약이 개발되지 않았던 19세기에 다이너마이트가 발명되었다. 그때까지 포탄에는 흑색 화약이 작약으로 장전되었는데, 흑색 화약에 비해 다이너마이트의 파괴력은 상상을 초월할 정도로 어마어마했다. 그런데 다이너마이트는 폭약이 민감해서 도저히 포탄에 장전하여 발사할 수 있는 것이 아니었다. 그래서 공기총이 아닌 공기포이며, 다이너마이트를 장전한 포탄을 '부드럽게 발사하자'는 아이디어가 나왔다. 이 계획을 열심히 추진했던 미국 잘린스키의 이름을 따서 잘린스키포라고도 부른다.

포신은 활강 포신으로 날개가 달린 포탄이 사용되었다. 대량의 압축 공기를 만들어야 했기 때문에 그러한 설비를 마련하기 쉬운 항만 방어의 요새포로 채택되었으며, 실제로 뉴욕이나 샌프란시스코 방위에 배치되었다.

베수비오라는 군함에도 구경 14.75인치(약 38cm) 포 3문이 탑재되었는데, 980톤의 작은 선체에 무리하게 거포를 실어서 포신을 선체에 고정하게 되었다. 베수비오는 스페인과의 전쟁에 투입되었지만, 포신의 방향을 바꿀 수 없어서(선체가 표적을 향할 뿐) 제대로 명중하지 못했다. 포탄의 폭발력은 강하더라도 사거리나 명중 정확도가 기존의 포보다 떨어져 제대로 사용한 건 미국 또는 잘린스키뿐이었던 것 같다.

이윽고 피크르산*이나 TNT**와 같은 폭약이 잇달아 개발되면서(2-8 참조), 잘린스키포는 미국의 연안포로서 20년 정도 배치된 것을 끝으로 모습을 감추었다.

---

* 트리니트로페놀
** 트리니트로톨루엔

[그림 1-46] 항만 방비에 배치된 다이너마이트포의 당시 일러스트

[그림 1-47] 군함 베수비오의 전체 모습

[그림 1-48] 다이너마이트포 3문은 베수비오 선체 후부에 고정 설치되었다.
사진/LIBRARY OF CONGRESS

Column 01

시제작으로 끝난 전진포

요즘 대포는 발사 반동을 흡수하기 위해, 반동으로 포신을 후퇴시키면 주퇴기라고 하는 쇼크 앱소버(완충재)로 충격을 흡수해 포신을 다시 원래 위치로 되돌린다.

그런데 1970년대, 포신을 후퇴한 위치에서 잠금한 다음 그 위치에서 탄을 장전한 후 잠금을 해제해서 장약에 점화하면 포신이 전진하면서 반동을 흡수하고, 다시 포신이 후퇴하는 방식이 고안되어 전진포라고 불렀다.

이렇게 반동을 더욱 완화하고 주퇴기를 소형화해서 포를 경량화할 계획이었지만, 최초의 한 발을 쏘기 전에 포신을 후퇴 위치로 보내는 것이 문제였다. 결국 이 구상은 아이디어 단계에서 무산되고 말았다.

[그림 1-49] 전진포는 아이디어 단계에서 끝났지만 사진(후방)처럼 시제품으로 만들어졌다.

탄의 구조와 종류

중화기에 사용되는 탄은 목적에 맞춰 선택하며, 그 효과도 다양하다
이 장에서는 탄의 다양한 구조와 위력, 어떤 탄이 어떻게 사용되는지
대해 설명하겠다.

▲ 중국의 전차박물관(북경시 창평)에 전시된 각종 포탄

발사약

예전에는 흑색 화약, 지금은 무연 화약

탄을 발사할 때 사용하는 화약을 발사약이라고 한다. 청일전쟁 때까지는 흑색 화약을 사용하였다. 흑색 화약은 질산칼륨(초석), 유황, 목탄의 혼합물로, 다량의 연기와 그을음(매연)이 나온다. 보병의 소총도 수십 발 쏘면 총신 내부에 그을음이 쌓여 탄 장전이 거의 불가능하다. 그래서 대포의 경우 한 발 쏠 때마다 포신을 청소했다. 또 흑색 화약의 한 종류라고 할 수 있는 갈색 화약은 목탄 대신 짚을 고압 증기에 쪄서 갈색으로 탄화한 것으로, 19세기 말부터 20세기 초까지 짧은 기간 동안 존재했다.

청일전쟁 즈음부터는 무연 화약이 주류가 된다. 니트로셀룰로오스, 즉 식물 섬유(무명이 대표적)를 질산으로 처리한 것이다. 연기가 매우 적어서 무연 화약이라고 부르지만, 그래도 대포에 사용할 때는 꽤 연기가 나온다. 무연 화약은 흑색 화약과 비교해 수 분의 1의 양으로 같은 위력을 얻을 수 있어서 지금은 발사약 하면 무연 화약을 떠올린다. 흑색 화약은 취미로 구형 총포를 사용할 때 쓰일 뿐 더 이상 실용 발사약으로 사용하지 않는다.

무연 화약은 시간이 경과하면 자연 분해하는 성질이 있어, 발명 당초에는 종종 폭발 사고를 일으켰다. 군함이 원인 불명의 폭발 사고를 일으켜 침몰한 적도 있는데, 무연 화약이 자연 발화한 것 아니냐는 의심을 받고 있다.

그래서 자연 발화하지 않도록 안정제를 추가하게 되었는데, 자연 발화하지는 않지만 시간이 경과함에 따라 분해하는 것 자체는 막을 수 없다. 5~10년은 괜찮지만, 20~30년이 지나면 조준한 곳에 명중하지 못하고 불발되거나 지연 발사와 같은 일도 발생한다.

[그림 2-1] 무연 화약은 대체로 검은색을 띠는데, 이는 흑연으로 코팅되어 있기 때문이다. 기계로 탄약을 제조할 때 정전기가 대전하지 않도록 하기 위해, 또 기계 안에서 화약이 잘 지나갈 수 있도록 하기 위해 코팅한다. 원래 무연 화약은 황갈색이다.

[그림 2-2] 일본 해군의 순양함 '마쓰시마'. 1908년에 마궁시(대만 평후현) 앞바다에서 화약고가 폭발하였는데, 무연 화약의 자연 발화가 원인으로 추정된다.

사진/위키피디아

장약

큰 대포는 약협을 사용하지 않는다

대포도 구경이 작은 것은 총과 마찬가지로 약협(화약이 들어 있는 금속제 통-역주)과 탄두가 고정된 카트리지식 포를 사용하지만, 큰 것은 약협을 사용하지 않고 주머니에 발사약을 넣어 사용한다. 이 주머니를 약낭(薬嚢)이라고 한다. 약협이나 약낭에 넣은 상태의 발사약을 장약(charge)이라고 부른다.

한 개의 주머니에 한 발 분량이 들어가는 경우도 있지만 큰 대포는 여러 개의 주머니에 나누어 넣는다. 그리고 가까운 거리에서 쏠 때는 그 전부를 사용하지 않는 경우가 많다. 왜냐하면 불필요하게 많은 화약을 사용하면 반동이 강해지는 만큼 포가 쉽게 움직이고 포신이 빨리 과열되어 포신의 수명도 단축되기 때문이다. 이런 경우 남은 장약은 추후에 연소시킨다. 발사약은 포신과 같은 밀폐된 공간이 아니면 불을 붙여도 폭발하지 않고 연소할 뿐이다.

약협을 사용하지만 포탄과 약협이 따로따로 되어 있는 반고정식 탄약도 있다. 이 경우도 약협 안에 들어간 장약의 대부분은 여러 개의 주머니에 나뉘어 있다. '약협은 가스 누출을 방지하는 패킹 역할만 하면 되기 때문에 바닥 쪽에만 있으면 된다'고 해서 장약의 일부에만 약협이 사용되기도 한다. 제2차 세계대전까지 독일의 대포는 꽤 큰 것도(전함의 주포조차도) 약협을 사용했다. 천으로 된 주머니는 잘 찢어지고 비에 젖기 때문에, 장약은 금속 용기에 수납하여 발사 직전에 꺼내었다. 최근에는 천이 아닌 니트로셀룰로오스로 약협과 같은 원기둥 모양의 장약 케이스(발사하면 당연히 연소하여 없어짐)를 만들게 되었다.

[그림 2-3] 구경이 큰 대포의 장약은 이렇게 천으로 된 주머니에 들어 있다.

[그림 2-4] 최근의 장약은 천 주머니가 아닌 니트로셀룰로오스 통에 들어 있다.

사진/미 육군

점화 방식

나폴레옹 시대에는 화약에 직접 불을 붙였다

수백 년 전에는 대포를 발사하기 위해 화약에 직접 불을 붙였다. 화승(불이 붙게 하는 데 쓰는 노끈-역주)을 봉에 둘러 감아 불을 붙이거나, 숯 등을 태우는 바리때에 끝이 L 자로 굽은 쇠봉을 밀어 넣어 봉의 끝을 달궜다가 그것으로 불을 붙이는 방식이었다.

남북전쟁 즈음부터는 마찰식 화관이라는 것이 사용되었다. 파티 크래커라는 물품이 있는데, 줄을 당기면 발화하는 것이다. 에도 막부 말기 보신전쟁(1868년 정부군과 구 막부군 사이에 벌어진 내전-역주)에서 관군이 암스트롱포를 사용했는데, 그것도 마찰식 화관 방식이었다. 직접 불을 붙이는 방식은 비가 오는 날 포구에 비가 들어가면 쏠 수 없지만, 마찰식 화관은 그런 걱정을 할 필요가 없는 데다 화약 주머니가 많이 있는 근처에서 불을 피울 필요도 없다.

이윽고 약협이 등장하자 총의 약협과 마찬가지로 바닥에 뇌관이 들어가게 되었다. 그런데 대포의 경우 뇌관만으로는 점화력이 부족하다. 무연 화약은 흑색 화약과 비교해 불이 잘 붙지 않는다. 하지만 장약 전체가 고르게 연소되도록 한 번에 불이 붙을 수 있는 만큼의 화염을 만들어 내야 한다.

그래서 대포의 약협 바닥에는 화관이 있다. 뇌관에 충격이 가해져 불꽃이 튀면 화관 안의 흑색 화약에 인화하고, 이것이 큰 화염을 내뿜으며 다량의 무연 화약(장약)에 불을 붙이는 것이다. 약협을 사용하지 않는 약낭식의 경우 포의 폐쇄기에 화관을 부착한다. 또 약낭 바닥에도 점화약 역할을 하는 흑색 화약이 들어 있다.

군함의 대포나 항공기용 기관포탄으로 알 수 있듯이 전기 발화식 뇌관도 있다.

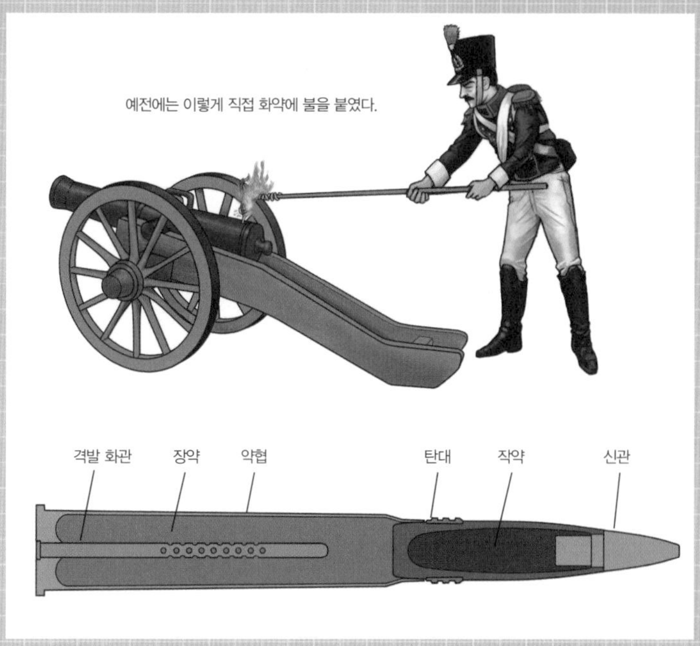

[그림 2-5] 현대의 약협식 포탄. 포는 총과 달리 뇌관의 화염만으로는 다량의 무연 화약(장약)에 대한 점화력이 약하다. 이 때문에 뇌관의 화염으로 우선 흑색 화약이 장전된(격발) 화관에 점화한 다음 그 화염으로 무연 화약에 불을 붙인다.

포탄

탄환을 의미하는 용어는 다양하지만…

공기총의 탄은 펠릿(pellet)이라고 한다. 의미가 굉장히 광범위하지만, 어쨌든 작은 덩어리, 작은 알갱이를 의미한다. 낚시의 추도 펠릿이라고 하는데 납 알갱이로 되어 있다. 이것이 소총이나 권총 등의 탄환으로 사용되면 불릿(bullet)이라고 한다. 이 또한 작은 납덩어리를 의미한다. 그렇기 때문에 포탄은 불릿이라고 하지 않는다.

수백 년 전의 포탄은 금속(아주 먼 옛날에는 돌을 사용하기도 했음) 볼이어서 캐넌볼(cannonball)이라고 불렀다. 한 덩어리가 아닌, 안에 폭약을 넣게 되면 셸(shell)이라고 한다. 조개껍데기나 호두 껍데기 등 안에 뭔가 들어 있는 겉껍데기를 셸이라고 한다. 다운재킷의 경우 깃털을 넣는 재킷의 천도 셸이고 배의 겉껍데기도 셸이다. 이렇게 부르는 것은 지금도 마찬가지로 보통은 포탄을 셸이라고 한다. 전차를 쏘는 철갑탄 중에는 폭약이 들어 있지 않은 금속 덩어리가 있는데 '이건 셸이 아니지 않나?'라고 생각하겠지만, 포탄을 셸이라고 하는 것이 정착되어 이것도 셸이라고 부른다.

건 숏(gun shot)이라는 용어도 있는데, 캐넌볼과 마찬가지로 예전의 둥근 탄을 연상시킨다. 산탄총의 산탄도 숏이라고 한다. 그리고 산탄총으로 곰 등을 쏠 때 발사하는 한 개의 탄환(산탄이 아님)은 슬러그(slug)라고 한다.

일반적인 부대에서 사용하는 용어는 아니지만, 학술적인 용어로 프로젝타일(projectile)이라는 말이 있다. 직역하면 투사물 정도가 될 것이다. 이 용어라면 공기 총탄에서 전함의 포탄, 투석, 미사일까지 포함하는 표현으로 사용할 수 있다.

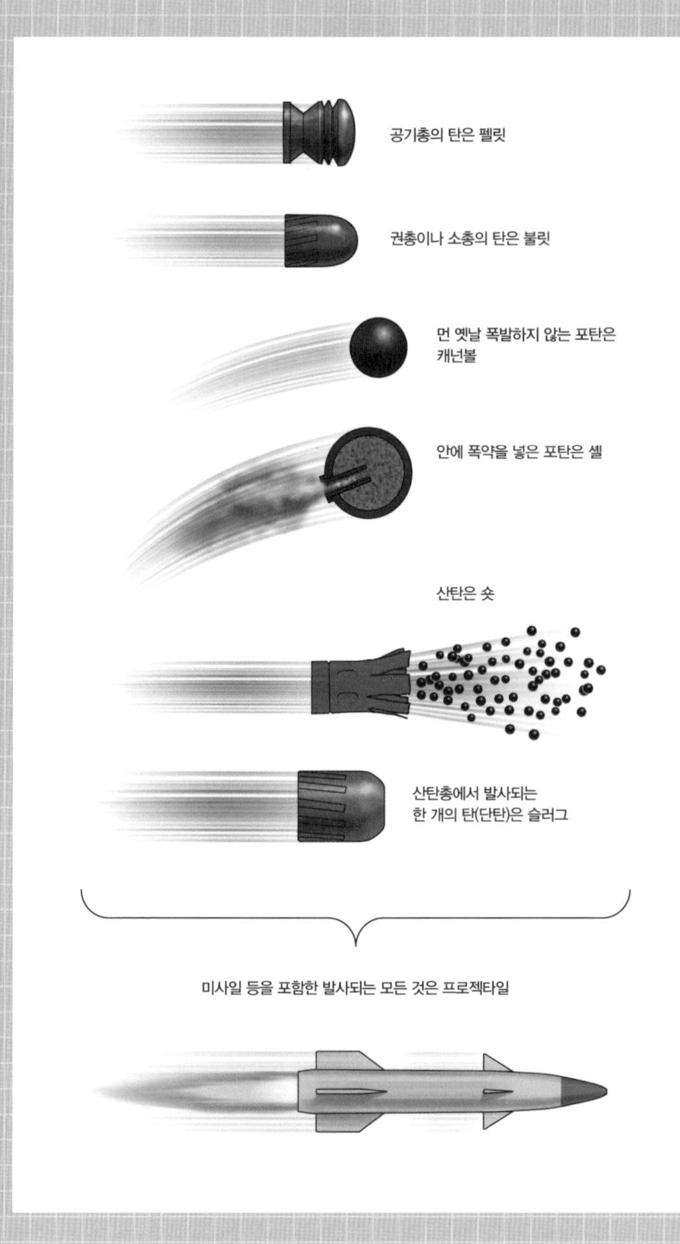
공기총의 탄은 펠릿
권총이나 소총의 탄은 불릿
먼 옛날 폭발하지 않는 포탄은
캐넌볼
안에 폭약을 넣은 포탄은 셸
산탄은 숏
산탄총에서 발사되는
한 개의 탄(단탄)은 슬러그
미사일 등을 포함한 발사되는 모든 것은 프로젝타일

전장포 시대의 포탄

포도탄, 캐니스터, 체인 숏

대포가 등장한 지 얼마 되지 않았을 무렵인 400~500년 전의 포탄은 모두 돌이나 금속 볼이었기 때문에 폭발하지는 않았다. 포탄은 성벽을 무너뜨리는 해머로 사용하는 것이 일반적이었다. 또 화재를 일으키기 위해 화톳불로 가열한 포탄을 발사하는 경우도 있었다.

야전에서는 산탄이 사용되었는데, 포도탄(grape shot)이 바로 그것이다. 산탄을 주머니에 넣거나 오른쪽 그림처럼 판으로 여러 칸을 나누어 압력을 가했는데, 이 격판은 발사 충격으로 부서지게 된다. 나중에는 캐니스터(canister)라고 하는 양동이 같은 금속 캔에 넣게 되었다. 금속 캔에 넣으면 산개를 늦춰 유효 사거리를 늘릴 수 있었기 때문이다.

캐니스터는 폭발하는 포탄(유탄)이 발명된 이후에도 꽤 사용되었다. 남북전쟁 때 사용된 32파운드 포용 캐니스터는 지름 37.8mm 구슬이 48개 들어 있는 것과 51.8mm 구슬이 27개 들어 있는 것 두 종류가 있었다. 이외에 군함에서는 적 군함의 돛대나 돛대 줄을 자르기 위해 체인 숏(chain shot)이라고 하는 것도 사용하였다.

16세기에 이미 폭약을 장전한 포탄이 발명되었지만, 초기에는 포구 쪽에서 손을 넣어 포탄의 도화선에 불을 붙였다. 즉, 도화선은 전장식이었는데, 나중에는 후장식으로 포탄을 넣게 되었다. 발사 화약의 연소로 도화선에 불이 붙는 것이다.

초기의 도화선은 신뢰성이 매우 낮아서 도중에 사용하지 않게 되었다면 차라리 나았겠지만, 발사 순간 포신 안에서 폭발하는 경우도 드물지 않았다. 결국 [그림 2-6]처럼 목제 플러그(예화신관)로 개량되었으며, 목제인 경우 여전히 발사 순간 부서지는 일이 발생해 금속제로 개량되었다.

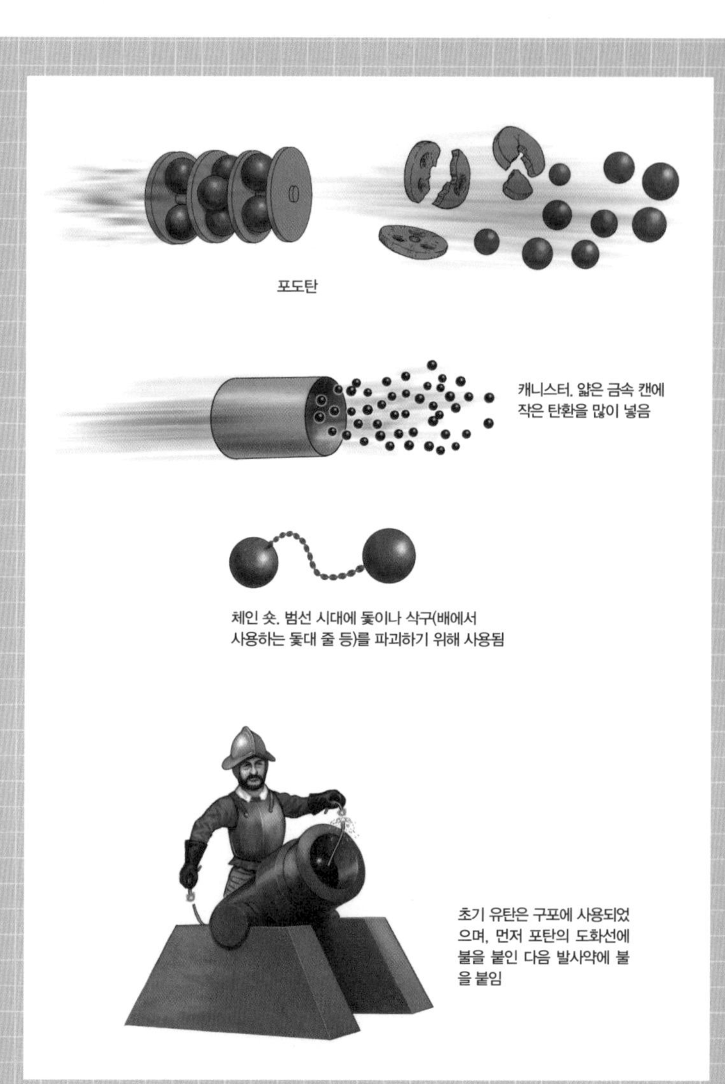

신관의 발달 ①

예화신관과 착발신관

19세기, 포탄은 구형에서 도토리형으로 바뀐다. 초기에는 아직 전장식으로 포탄에는 강선(3-3 참조)에 맞물리도록 돌기가 튀어나와 있었는데, 이윽고 후장식이 되면서 강선에 끼워지도록 도환이나 탄대라고 하는 동대(rotating band)가 설계되었다. 그때까지의 도화선식 신관은 표적까지의 거리에 맞춰서 커트하고, 폭발할 때까지의 시간을 조절했다. 그래서 영어로는 time fuse라고 하며, 일본어로는 예화신관이라고 한다. 그런데 이렇게 되면 명중 순간 폭발하는 정확도를 기대할 수가 없다. 이에 반해 도토리형 포탄은 도화선식 신관에서 명중 순간 폭발하는 착발신관(impact fuse)이 포탄의 머리에 장착되었다. 포탄의 머리에 장착되는 착발신관을 탄두신관(point fuse), 포탄 바닥에 장착되는 착발신관을 탄저신관(base fuse)이라고 한다.

그런데 적의 보병을 공격할 경우 포탄이 지면에 떨어진 순간보다 머리 위에서 폭발하여 파편을 떨어뜨리는 것이 더 효과적이다. 그래서 착발신관이 발명된 후에도 예화신관은 계속 쓰였다. 그렇다고는 하나 '탄저의 예화신관에 발사 불을 붙이는 것'은 안전성에 문제가 있어 예화신관도 탄저가 아닌 탄두에 장착하게 되었다. 탄두에 장착된 예화신관은 발사 순간 포탄이 전진할 때 신관 내부에 장착된 격침이 관성으로 뇌관을 두드리면서 도화선에 불을 붙인다. 예전처럼 도화선의 플러그 자체를 커트하는 것이 아니라 신관의 바깥쪽에 조정 눈금이 있어서 신관 조절기라는 공구로 원하는 위치의 눈금에 맞춰서 돌리면 뇌관에서 점화하는 위치가 결정되어 폭발 시간을 조절할 수 있는 것이다.

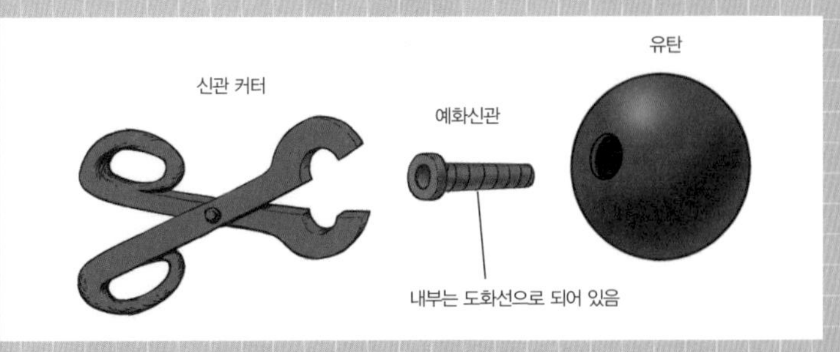

[그림 2-6] 예전에는 목제 예화신관을 커터로 절단하여 연소 시간을 조절했다.

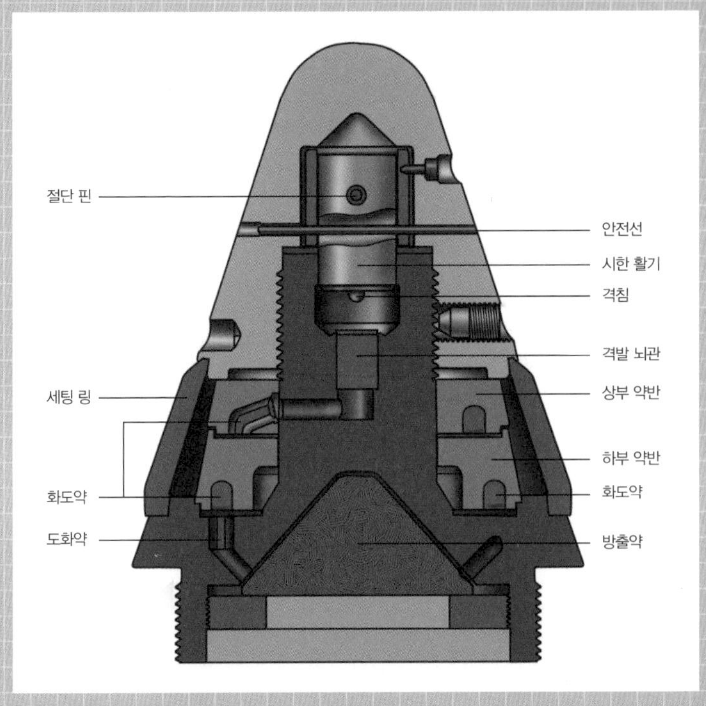

[그림 2-7] 근대적인 예화신관 사진. 약반(상부, 하부)에는 원형으로 된 도화선 같은 화약(화도약)이 들어 있다. 신관 조절기라는 렌치로 약반을 돌려 원하는 위치에 세팅하면 약반이 점화되는 위치가 결정된다. 즉, 연소하는 시간이 결정된다. 발사 충격으로 시한 활기라는 추가 절단 핀을 절단하여 아래로 떨어뜨리면 격침이 뇌관을 두드려 약반에 불을 붙인다. 약반의 불이 전부 연소하여 도화약에 점화하면 (이 일러스트는 조명탄용 신관이라서) 그다음 방출약에 점화한다. 유탄인 경우에는 기폭약에 점화한다.

신관의 발달 ②

기계식 시한신관과 VT신관

포의 성능이 향상되어 20~30km 거리도 쏠 수 있게 되자 탄이 도달할 때까지 수십 초~1분 이상 걸리게 되었다. 적의 머리 위 수십 m 거리에서 포탄을 폭발시켜 효과적으로 파편을 뿌리려면 매우 정확히 시간을 설정할 수 있는 신관이 필요하다.

그런데 예화신관으로는 무리가 있어 기계식 시계신관이 만들어졌다. 발사 충격에 부서지지 않고 100분의 1초 수준의 정밀도를 보유하며 포탄에 장착해서 발사해야 하는데 비용도 절감해야 해서 기술적으로 어렵다.

특히 비행기를 격추하는 고사포의 신관은 높은 정밀도가 요구되었다. 비행기가 비행하는 고도나 거리에 맞춰 그곳으로 탄이 날아가는 시간(탄이 비행하는 중에도 비행기는 움직임)을 계산하여 비행기의 미래 위치로 포탄을 보내 수십 m 이내에서 폭발시켜야 한다.

그런데(신관 정밀도만의 문제는 아니지만) 제대로 만드는 것이 쉽지 않아 포탄이 비행기에서 100m 이상이나 떨어진 곳에서 폭발하는 것이 일반적인 일이었다.

이것을 극적으로 바꾼 것이 제2차 세계대전 중에 미국이 개발한 VT신관이다. 신관의 머리에서 전파를 내보내고 전파가 표적의 비행기에서 반사되어 오는 것을 감지해 세팅한 거리에서 폭발하는 것이다. 이 신관으로 인해 일본의 특공기 대부분이 제대로 공격도 하지 못한 채 격추당하고 말았다.

VT신관은 육상 전투에서도 적의 머리 위로 세팅한 높이에서 정확히 폭발하기 때문에 효과적이다. 전차로 돌격할 때 적 보병의 대전차 수단을 제압하기 위해 VT신관으로 포격하는 방법도 있다.

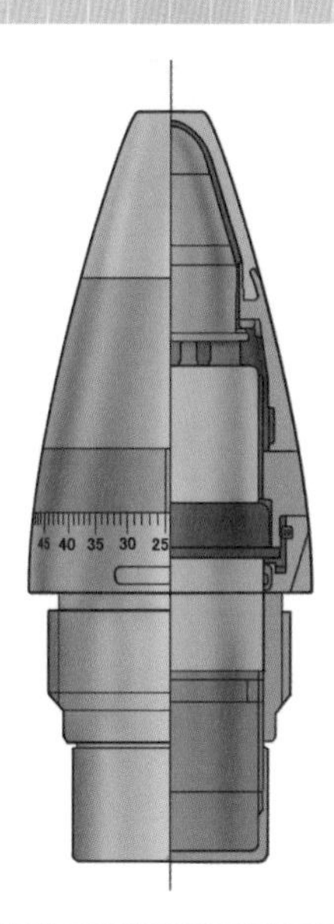

[그림 2-8] VT신관. 정면에서 좌측이 외관, 우측이 내부 구조이다.

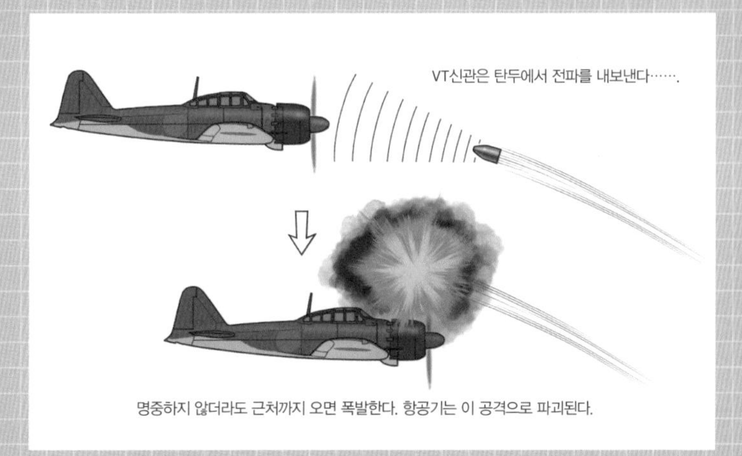

[그림 2-9] VT신관의 움직임

작약

현대의 작약은 기폭약이 없으면 폭발하지 않는다

포탄이나 폭탄, 어뢰 안에 넣는 폭약을 작약이라고 한다. 나폴레옹전쟁이나 남북전쟁, 청일전쟁 즈음까지는 작약이라고 해도 흑색 화약밖에 없었다. 밀폐 용기에 들어 있는 흑색 화약은 불을 붙이면 폭발했다.

러일전쟁 즈음부터 피크르산이, 제1차 세계대전 즈음부터 TNT*나 TNA**와 같은 새로운 작약이 사용되었다. 이들 작약은 강력한 폭발력을 자랑하지만, 단순히 불을 붙인다고 해서 폭발하는 것은 아니다. 즉, 도화선식 신관이 연소하여 작약에 불을 붙이는 것만으로는 폭발하지 않는다는 의미이다.

불을 붙이는 것만으로 폭발하는 성질의 폭약인 기폭약을 장전하고, 경우에 따라서는 기폭약 바깥쪽에 또 다른 전폭약을 넣어 그 폭발 충격으로 작약이 폭발한다.

그렇기 때문에 근대적인 포탄을 폭발시키는 신관은 내부에 기폭약이 있다. 그리고 보통은 신관과 포탄이 따로따로 보관 · 수송되어 (일부 예외도 있지만 대부분은) 발사 직전에 장착된다.

포탄이나 폭탄은 신관이 장착되어 있지 않으면 매우 안전해서, 높은 곳에서 떨어뜨리거나 주변에서 불을 붙여도 폭발하지 않는다. 신관이 없는 포탄에 불을 붙이면 작약은 열에 의해 녹아서 흘러내린다. 애당초 포탄에 작약을 충전할 때는 열로 녹인 작약을 흘려 넣는다.

러일전쟁 즈음 충전 방식의 문제로 '공간(기포나 공동)'이 생긴 포탄이 발사 충격이나 명중 충격으로 신관의 기폭과 상관없이 폭발할 때가

* 트리니트로톨루엔
** 트리니트로아닐린

있었다. 이것을 불완폭이라고 하며, 신관에 따라 달라졌던 만큼 완전한 폭발은 발생하지 않았다.

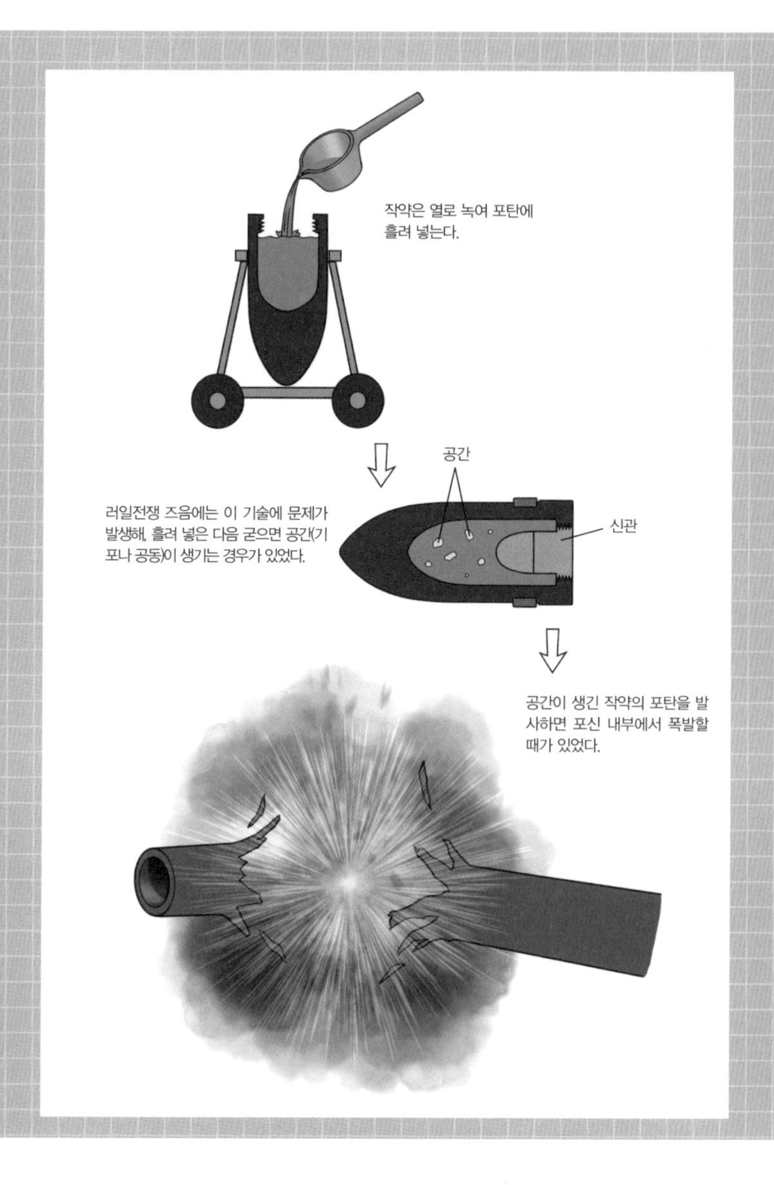

유탄과 유산탄

석류처럼 튀어서 유탄이라고 한다

내부에 폭약을 넣은 포탄을 유탄이라고 한다. 석류처럼 튀면서 작은 파편을 흩뿌려서 이렇게 부른다. 프랑스에서 석류탄(grenade)이라고 부른 것이 그 시작이다. 영어로 그레네이드는 수류탄이나 척탄을 의미하며, 대포에 사용하는 유탄은 explosive shell이다. 현대의 유탄은 고성능 폭약이 들어 있어서 high explosive shell이라고 부른다.

아직 전장식으로 둥근 포탄을 사용하던 18세기 말에 영국의 슈래프널이라는 군인이 단순히 폭발해서 파편을 흩뿌리는 것뿐만 아니라 총탄 정도 크기의 쇠구슬을 많이 넣어 흩뿌리는 것을 고안하였으며, 다른 나라도 따라서 만들었다. 이 포탄은 발명자의 이름을 따서 shrapnel shell이라고 하는데, 일본에서는 유산(霰)탄이라고 한다.

유산탄은 19세기 후반에 포탄이 구형에서 도토리형으로 진화한 이후에도 러일전쟁 때까지는 야포탄의 주력으로 사용되었다. 구형 포탄의 시대와 달리 도토리형의 근대적인 유산탄은 포탄을 산탄총의 총신처럼 하여 적이 있는 방향에만 산탄을 발사해서 효과적이었다.

물론 목표물과의 거리를 정확히 측정하여 목표물이 있는 곳까지 날아가는 포탄의 시간에 맞춰 정확히 기폭하는 신관이 필요했기 때문에, 포의 성능이 향상되고 사거리가 멀어짐에 따라 예화신관의 정확도에 문제가 생겨 시계식 신관이 개발되었다.

그러나 제1차 세계대전 즈음부터 야전에서도 보병이 바로 구멍을 팔 수 있게 되었다. 유산탄은 행군 중인 적을 제대로 명중하지도 못하는 등 효과가 없어져, 얕은 지면을 파서 넣어 폭발시키는 것이 주류가 되었다.

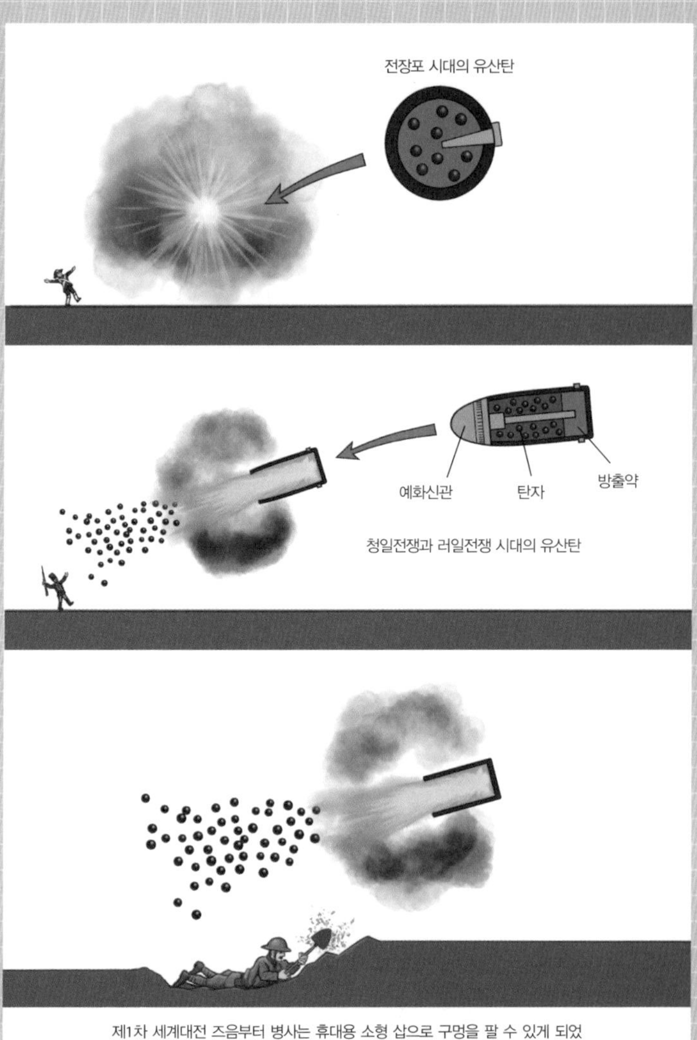

제1차 세계대전 즈음부터 병사는 휴대용 소형 삽으로 구멍을 팔 수 있게 되었다. 엎드린 상태에서 몸을 숨길 수 있는 얕은 웅덩이를 만들 수 있는 것만으로도 생존율이 완전히 달라졌다. 이로 인해 유산탄의 효과가 저하되었다.

철갑탄과 탄저신관

전차나 전함을 뚫기 위해서는

전차나 전함처럼 두꺼운 장갑으로 된 표적을 관통하기 위한 탄이 철갑탄(armor piercing)이며, AP라는 약자로 사용된다. 철갑탄은 거의 철 덩어리로 폭약은 조금밖에 들어 있지 않다. 전혀 들어 있지 않은 것도 있다. 그렇지 않으면 관통력이 약해지기 때문이다.

철갑탄의 신관은 탄두가 아닌 탄저신관이다. 탄두신관으로 하면 명중 순간 신관이 부서지거나 신관 부분에서 포탄이 깨지기 때문이다.

러일전쟁경 군함의 철갑탄은 유탄과 같은 도토리형이었다. 그런데 뾰족한 포탄은 상대가 부드러우면 잘 뚫을 수 있지만, 상대가 너무 단단하면 반대로 포탄이 깨지기 쉬워 오히려 둔각인 머리 쪽이 좋다. 이러한 이유로 제1차 세계대전 즈음부터 피모 철갑탄으로 바뀐다. 피모는 둔각일 때는 공기 저항이 크기 때문에 공기 저항을 줄이기 위해 장착하는 것이 풍모이다.

제2차 세계대전경 군함은 이 풍모 안에 빨간색이나 황색 염료를 넣었다. 왜냐하면 군함은 포격 시 수면에 탄이 떨어졌을 때의 물기둥을 보고 '가까운 곳에 떨어졌다', '멀리 날아가서 떨어졌다'처럼 관측 후 조준을 수정하기 때문이다.

그런데 두 척 이상의 군함이 같은 표적을 쏘면 어느 물기둥이 자신이 쏜 탄인지 알 수 없을 때가 있다. 그래서 배에 따라 다른 색의 염료를 풍모에 넣은 포탄을 사용하여 물기둥의 색으로 자신이 쏜 탄인지 다른 배가 쏜 탄인지를 식별할 수 있게 하였다. 그리고 철갑탄은 표면에서 폭발하면 그 역할을 완수하지 못하기 때문에 시간을 조정하여 늦게 폭발하게 하였다.

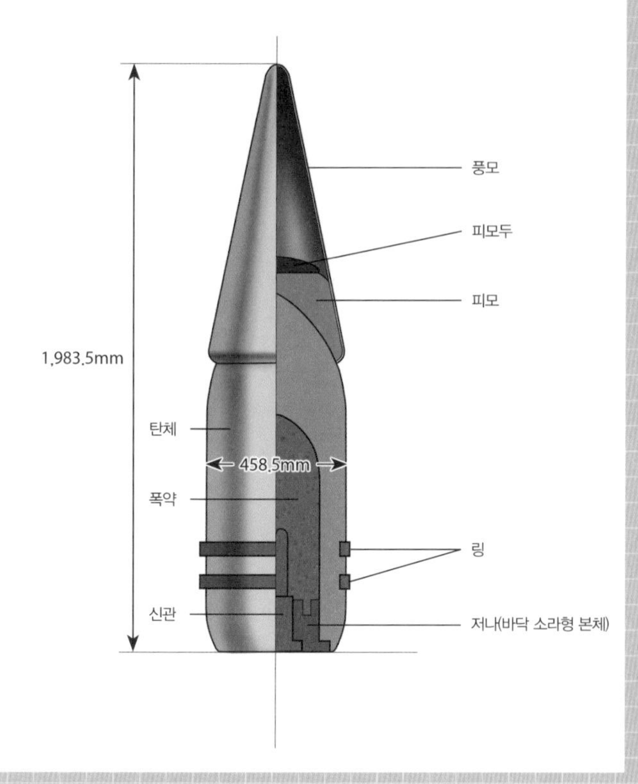

[그림 2-10] 전함 야마토의 46cm 91식 철갑탄

탄체는 탄소 0.45~0.55%, 니켈 3.4~4.0%, 크롬 0.6~1.6%, 몰리브덴 0.4~0.8%를 함유한 특수 강제. 피모, 피모두, 탄체의 조성은 모두 같지만, 피모 머리는 단단하게 구워 넣어서 장갑판의 파쇄를 꾀한다. 풍모(피모)는 비교적 부드럽고 탄체가 장갑판에 박힐 때까지 탄체가 깨지지 않도록 보호한다. 무게는 1,460kg이며, 60kg의 장약 6개(360kg)를 사용하여 초속도 780m/초로 발사한다. 최대 사거리는 42,005m이며, 이때 탄도의 최고 높이는 5,000m, 착탄 시 탄속은 500m/초, 비상 시간은 106초이다. 관통력을 중시하기 때문에 작약은 33.85kg(탄 무게의 2.3%)으로 적다. 적함의 내부로 날아가 폭발하도록 신관은 착탄으로부터 0.4초 늦게 기폭한다.

장탄 장치 부착 철갑탄

이제는 전차를 쏘는 철갑탄은 이것이 상식

관통력을 증가시키려면 탄의 속도를 높여야 한다. 탄의 속도를 높이기 위해서는 발사약 양을 늘리면 되는데, [그림 2-11]처럼 그 양이 과하면 포신이 버티지 못한다.

포신이 파열되지 않을 정도로 해도 이런 방법은 효율이 낮고, 사용한 발사약 양에 비해 탄의 속도가 상승하지 않으며, 포신의 수명은 매우 짧아진다.

그래서 [그림 2-12]처럼 알루미늄 같은 가벼운 금속이나 플라스틱 등으로 만든 두꺼운 장치(장탄 장치)* 안에 얇고 긴 탄(탄심)**을 넣고 큰 구경의 포로 발사한다.

두꺼운 장치는 포신을 떠나면 공기 저항에 의해 바로 분리되어 얇고 긴 탄만 날아간다. 이 탄은 제2차 세계대전 말에 등장했다. 이러한 철갑탄을 장탄 장치 부착 철갑탄(Armor Piercing Discarding Sabot: APDS)이라고 한다.

관통력을 증가시키는 데는 얇고 긴 탄이 유리하다. 그런데 회전으로 탄을 안정시킬 수 있는 것은 지름의 5~6배가 한계이며, 그것보다 얇고 길어지면 화살처럼 날개를 부착해야 한다. 그래서 [그림 2-13]과 같은 탄이 개발되었다.

이 날개가 부착된 침철체**의 철갑탄을 장탄 장치 부착 날개 안정 철갑탄(Armor Piercing Fin Stabilized Discarding Sabot: APFSDS)이라고 한다.

탄은 회전시키지 않고 날개로 안정시키기 때문에, 이 탄을 사용하는 전차포는 대체로 강선이 없는 활강포이다. 육상자위대의 90식 전차나 10식

---

* 사보(sabot). 네덜란드나 프랑스 동북부에서 사용하는 나막신

** 페너트레이터(penetrator)

전차도 이 유형이다. 한편 러시아(당시 소련)의 T-62가 세계에서 최초로 활강포를 탑재하였다.

[그림 2-11] 탄의 속도를 높이기 위해 무턱대고 발사약 양을 늘려도 포신에 부담만 될 뿐 속도는 그다지 빨라지지 않는다.

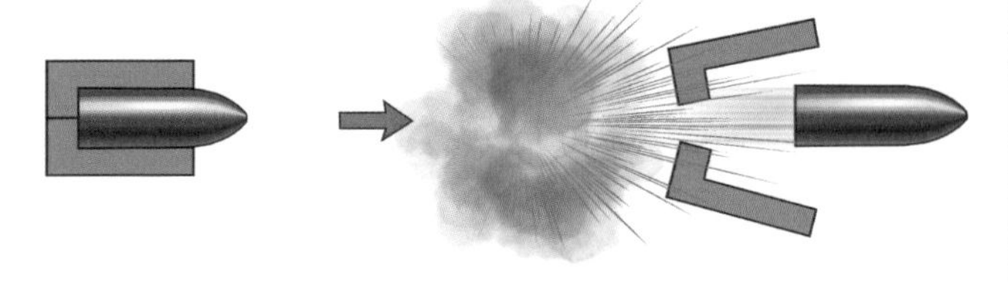

[그림 2-12] 장탄 장치 부착 철갑탄
구경보다 작은 포탄을 구경에 딱 맞는 플라스틱과 같은 장치로 감싸 발사하면 포신에 큰 부담을 주지 않고 속도를 높일 수 있다.

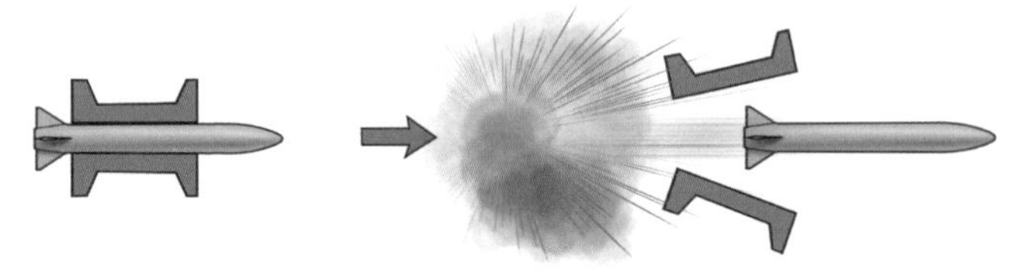

[그림 2-13] 장탄 장치 부착 날개 안정 철갑탄
관통력을 향상시키는 데는 얇고 긴 포탄이 좋다. 하지만 포탄 길이가 구경의 5~6배 이상 되면 회전이 안정적이지 않아서 탄에 날개를 부착한다.

열화우라늄탄

핵연료를 제조하고 남은 찌꺼기를 포탄에 이용

전차를 쏘기 위한 초기 철갑탄은 니켈이나 크롬을 함유한 철로 만들어졌다. 그런데 '관통력을 향상시키기 위해 밀도가 높은 재료를 사용하고 싶다'는 이유로 제2차 세계대전 즈음부터 철갑탄의 탄심에 텅스텐(비중 19.3) 합금이 사용되었다. 그런데 텅스텐은 희귀 금속이라 가격이 비싸서 가능하면 탄환과 같은 소모품에는 사용하지 않으려는 경향이 있었다. 그래서 비중 18.7의 우라늄으로 시선을 돌렸다.

우라늄 광석에서 제련된 우라늄은 핵연료로 사용할 수 없는 우라늄 238이 99.3%, 핵연료가 되는 우라늄 235가 0.7%의 비율로 섞여 있다. 원자 폭탄을 만들기 위해서는 이 우라늄 235의 비율을 90% 정도로, 경수로라는 원자로에서 사용하기 위해서도 2~5% 정도로 유지해야 한다. 그러면 사용할 수 없는 우라늄 238이 남는다. 이 남는 우라늄 238이 열화우라늄이나 감손우라늄이라고 불리는 것이다. 즉, 열화우라늄이란 핵연료를 만들고 난 후 남은 찌꺼기인 것이다. 열화우라늄탄이란 고가의 텅스텐탄 대신 폐기물을 이용하여 만들어진 철갑탄을 말한다. 따라서 열화우라늄탄은 폭발할 수 없으며, 비중이 커서 관통력이 있는 것이다.

가공 문제가 있어 폐기물을 이용한 열화우라늄탄이 텅스텐탄보다 훨씬 저렴한 것은 아니라고 한다. 하지만 우라늄탄이 텅스텐탄보다 10% 정도 관통력이 높은 것으로 알려져 있다. 또 우라늄의 미세 분말은 고온에서 연소하기 때문에 관통 후에 적의 전차 내부에 화재를 일으키는 효과도 있다.

[그림 2-14] M1 에이브람스 전차의 120mm 포에 사용되는 장탄 장치 부착 날개 안정 철갑탄에는 열화우라늄의 탄심이 사용된다.

사진/미 육군

[그림 2-15] 자위대나 독일군의 철갑탄에는 텅스텐 합금이 사용된다. 사진은 10식 전차이다.

대전차 유탄

폭발 에너지를 한 점에 집중시켜 장갑을 관통

전차를 쏘는 철갑탄은 천 수백 m/초의 빠른 속도가 요구된다. 보병이 들고 걸을 수 있는 로켓탄 발사기나 지프에 싣는 무반동포 정도로는 도저히 이 속도를 낼 수 없다. 그래서 제2차 세계대전 중에 등장한 것이 대전차 유탄이다.

미국에서 High Explosive Anti-Tank(HEAT)라고 해서 자위대에서는 이 말을 그대로 직역해서 대전차 유탄이라고 하는데, 육군에서는 천공유탄이라고 불렀다. 그런데 대전차 탄이라서 대전차 성형 작약탄이라는 용어도 사용되었다.

대전차 유탄은 [그림 2-16]처럼 작약이 원뿔 모양으로 장전되어 있다. 원뿔 모양을 유지하기 위해 금속(대체로 동제) 콘이 사용된다. 대전차 유탄의 신관은 다른 포탄의 신관과는 달라서 탄두에 압전 소자를 두고 명중 순간 전기를 일으켜 그 전기로 탄저신관을 기폭하게 한다.

원뿔형 작약이 폭발하면 폭풍이 사방으로 퍼지지만, 대부분의 에너지는 렌즈로 빛을 모은 것처럼 한 점에 집중된다. 폭풍의 속도는 8천 m/초 정도이다. 이 에너지가 집중되면서 두꺼운 철판에 녹은 것처럼 구멍이 뚫린다. 이것을 먼로 효과라고 한다.

이때 생긴 구멍은 연필로 뚫은 것처럼 작아서 위치에 따라서는 '구멍은 뚫렸지만 전차는 움직이는' 상황도 발생한다. 하지만 대체로 고열 가스가 차내로 들어가 화재가 발생한다.

그리고 요즘은 대인 전투에 사용해 파편을 흩뿌리는 효과도 갖춘 다목적 유탄이 많아지고 있다.

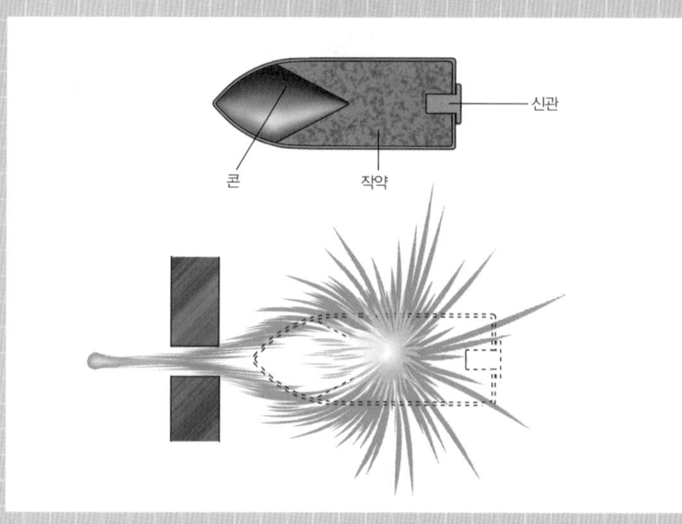

[그림 2-16] 대전차 유탄의 구조

포탄의 앞쪽에 원뿔형 공동을 마련해 두면 폭발 에너지가 렌즈로 빛을 모은 것처럼 한 점으로 집중된다.

[그림 2-17] 대전차 유탄(안쪽)과 장탄 장치 부착 날개 안정 철갑탄(앞쪽). 현대의 대전차 유탄에서는 이 사진처럼 끝부분이 원뿔 모양의 돌기인 것을 자주 볼 수 있는데, 이는 먼로 효과의 에너지가 가장 잘 집중하는 부분(말하자면 초점)이 장갑판에 닿도록 적절한 거리(스탠드오프)를 유지하기 때문이다.

점착 유탄

충격으로 철판 안쪽을 벗겨 비산시킨다

제2차 세계대전 말, 실전에는 투입되지 못했지만 영국에서 점착 유탄(High Explosive Squash Head: HESH 또는 High Explosive Plastic: HEP)이 발명되었다.

보통 포탄의 작약은 점토를 굳힌 것 같은 느낌의 고체인데, 점착 유탄의 작약은 부드러운 점토 상태로 철망에 둘러싸여 있다. 부드러워서 명중 순간 모양이 일그러지며 적 전차의 표면에 달라붙어 폭발한다. 그래서 점착 유탄이라고 하는 것이다. 점착 유탄은 탄피도 매우 얇게 제작되어 있다. 이 충격으로 장갑판의 안쪽이 벗겨져 비산하면 내부에 있는 사람들을 살상한다. 이것을 홉킨슨 효과(Hopkinson effect)라고 부른다.

육상자위대의 74식 전차가 개발되었을 때, 영국의 105mm 전차포를 라이선스 생산하면서 점착 유탄도 도입하였다. 그러나 탄의 속도가 느려 자위대 전차 부대 현장에서는 그다지 환영받지 못했다. 점착 유탄은 106mm 무반동포에도 사용되었지만, 무반동포는 원래 탄속이 느려서 점착 유탄을 싫어하지는 않았다.

다만, 점착 유탄은 2중으로 된 장갑에는 효과가 없다. 현대 전차의 장갑은 단순히 한 장의 철판이 아니라 중공 장갑이나 복합 장갑으로 되어 있는 데다 폭발 반응 장갑이 장착된 경우도 많아 점착 유탄이 효과를 거두기 힘들어지면서 과거의 유산이 될 것으로 보인다. 폭발 반응 장갑은 폭약이 들어간 작은 상자를 전차 표면에 많이 부착해 탄이 명중되었을 때 폭발하여 대전차 유탄의 파편을 흩뿌리거나 점착 유탄을 장갑판에 도달시키지 않고 폭발하게 하는 것이다.

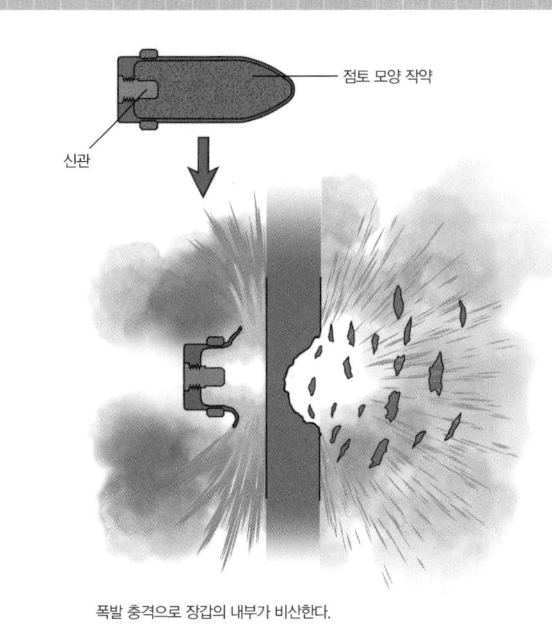

[그림 2-18] 점착 유탄이란?

[그림 2-19] 점착 유탄은 74식 전차의 포탄에도 있었지만, 부대에서의 평판은 좋지 않았다.

조명탄

155mm 조명탄은 지름 2,000m 공간을 약 60초 동안 비춘다

조명탄(illuminator: ILL)은 [그림 2-20]처럼 포탄 안에 밝은 빛을 발하는 화약을 넣은 캔(조명 장치)에 낙하산(parachute)을 부착한 것이 들어 있다. 밝은 빛을 내는 화약은 제2차 세계대전 때는 알루미늄 분말과 질산바륨, 유황을 바셀린이나 파라핀으로 반죽하여 사용했으며, 현대에 와서는 더 밝은 마그네슘과 질산나트륨을 폴리에스터 수지로 굳힌 것을 사용한다.

조명탄은 목표물과의 거리에 맞춰 시한신관을 세팅해 표적 상공(거의 고도 700m 전후)에 도달하면, 신관이 작동하여 방출약(흑색 화약)에 점화함으로써 조명 장치를 뒤쪽으로 발사한다. 이로 인해 조명 장치의 착화제에도 불이 붙는다. 조명 장치가 발사되면 탄저 밸브를 막고 있던 절단 핀이 끊어지면서 탄저 밸브도 열린다.

낙하산의 낙하 속도는 약 10m/초이며, 105mm 조명탄은 조명제 1.6kg으로 지름 1,200m 범위를, 155mm 조명탄은 조명제 7.2kg으로 지름 2,000m 범위를 약 60초 동안 비춘다.

조명제는 지상 100m 정도 상공에서 연소하도록 되어 있는데, 가끔 연소하다 남은 것이 지상에 화재를 일으키는 경우도 있고, 또 포탄의 탄피나 탄저 밸브도 떨어지기 때문에 '조명탄이라서 그 아래에 있어도 위험하지 않다'는 것은 사실이 아니다.

야포뿐만 아니라 박격포나 무반동포의 탄에도 조명탄이 있다. 조명 수류탄이나 조명 소총 척탄, 신호 권총에서 발사되는 작은 조명탄도 있다. 조명제의 연소 시간은 포탄의 종류에 따라 다르다. 신호 권총탄은 약 30초, 84mm 무반동포도 약 30초이며 박격포탄 중에는 약 75초로 의외로 긴 것도 있다.

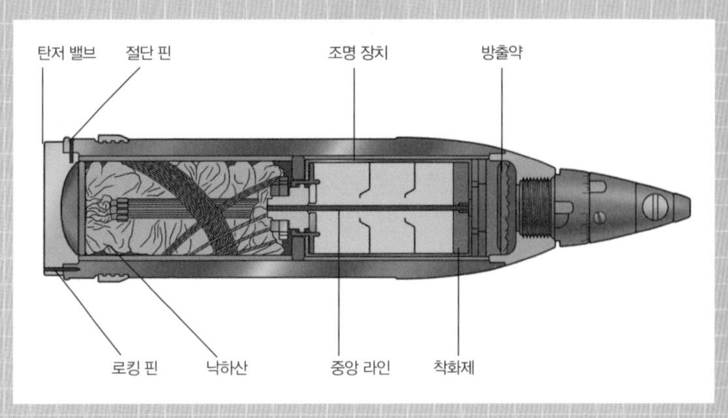

[그림 2-20] 조명탄의 구조

[그림 2-21] 낙하산이 달린 조명탄이 목표물을 밝게 비춘다.

발연탄

순간적으로 많은 연기를 피우는 것, 솟아오르는 연기를 뿜어내는 것

발연탄은 연기를 뿜어내는 탄이다. 안표나 연막으로 이용한다. 발연제에는 백린(White Phosphorus: WP), 육염화에탄(HexaChloroethane: HC)이 있고, 최근에는 적린(Red Phosphorus: RP)을 사용하기도 한다. 한편 미국 병사들은 백린을 윌리 피트[Willy(ie) Pete]라는 속어로 부른다.

발연탄은 포탄은 물론 수류탄이나 로켓탄 등에도 있다. 백린은 황린이라고도 하며, 예전 일본에서는 황린이라는 명칭이 일반적이었다.

백린탄은 [그림 2-22]처럼 백린을 넣은 포탄의 중심에 작약 장치가 들어 있고, 이 장치가 폭발하여 사방에 백린을 흩뿌린다. 백린은 공기 중의 산소와 만나 오산화인과 인산이 된다. 이것이 공기 중의 수분과 반응하여 흰색 연기가 되는 것이다.

HC 발연탄은 포탄 안에 발연제를 넣은 캔(큰 포탄은 여러 개의 캔)이 들어 있어 방출약을 이용해 뒤로 방출한다.

백린은 순간적으로 많은 연기 덩어리를 만드는데, 반응이 굉장히 빠르다. HC 발연탄은 연기가 위쪽으로 솟아올라서 '저 연기의 북쪽 500m를 폭격하라!'와 같은 안표를 나타내는 연기로 적합하다. 예를 들어 백린탄은 연기가 105mm 포탄은 약 1분, 155mm 포탄은 약 2분 만에 거의 사라지지만, HC 발연탄은 105mm는 2~3분, 155mm는 약 5분 동안 계속 연기를 뿜어낸다. 그리고 풍속 3m/초 정도의 바람이 분다고 가정하면 155mm의 백린탄은 폭 30m, 길이 120m의 연막을 만들 수 있으며, HC 발연탄은 폭 30m, 길이 350m 정도의 연막을 만들 수 있다. 또 81mm 박격포의 백린탄은 60×30m 정도의 연막을 약 1분간 만들 수 있다.

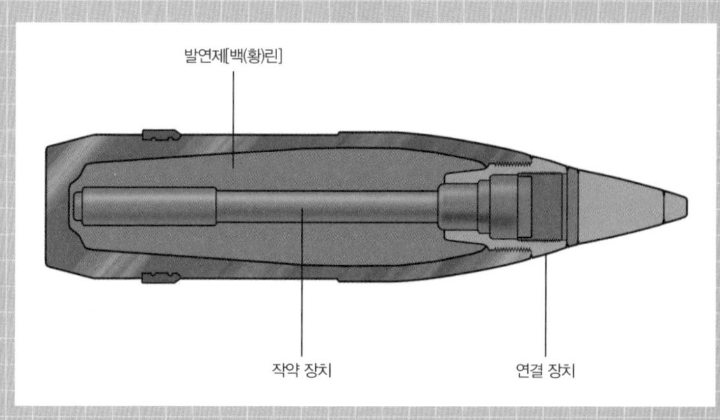

[그림 2-22] 백린(황린)탄의 구조

[그림 2-23] 백린(황린)탄은 순간적으로 연기 덩어리를 뿜어낸다.

베이스 블리드탄과 분진탄

탄미에서 가스를 뿜어 사거리를 늘린다

포탄은 공기를 밀어내며 날아간다. 하지만 속도가 빠른 만큼 공기가 포탄 바로 뒤로 돌아가지 못하고 진공에 가까운 상태가 된다. 이렇게 되면 탄을 뒤로 잡아당기는 작용을 하여 속도가 느려지고 사거리가 단축된다.

그래서 총탄과 마찬가지로 포탄도 탄의 꼬리 부분을 오므려 보트 테일이라고 하는 형태로 만듦으로써, 탄의 뒤로 공기가 쉽게 흐르도록 개량하기도 한다. 그런데 아직 포탄 바닥에 진공 상태인 부분이 남아 있어서 포탄의 뒷부분에 천천히 연소하여 가스를 내뿜는 화약을 장전해 진공 부분을 메운다. 이것이 베이스 블리드(Base Bleed: BB)탄이다. 자위대의 99식 155mm 자주 유탄포의 경우 보통 포탄의 사거리가 30km이지만, 베이스 블리드탄을 사용하면 사거리가 40km까지 늘어난다.

또 탄의 바닥에 로켓 추진제를 장착한 분진탄(Rocket Assisted Projectile: RAP)이라고 하는, 사거리를 늘리는 포탄도 있다. 한국의 K9 자주 유탄포는 99식 155mm 자주 유탄포와 같은 155mm로 포신 길이도 같지만, 분진탄을 사용하여 사거리가 50km에 달한다.

로켓 추진이라고는 하지만 정식 로켓탄처럼 다량의 추진제를 사용하는 것은 아니다. FH70 견인식 유탄포에 사용되는 M549A1 분진탄의 경우 추진제 양이 약 3kg으로, 발사 7초 후에 로켓에 점화하여 3초간 분사할 뿐이다. 그리고 로켓 추진이 아닌 L15A1 포탄은 11.32kg의 작약이 들어 있지만, 분진탄의 M549A1탄에는 6.8kg의 작약밖에 들어 있지 않아 파괴력은 줄고 명중 정확도도 떨어진다.

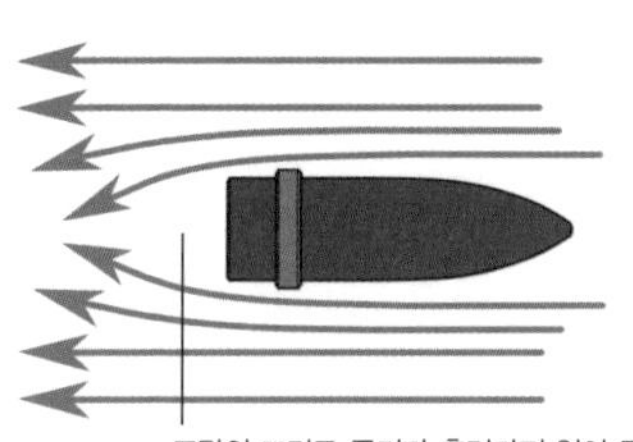

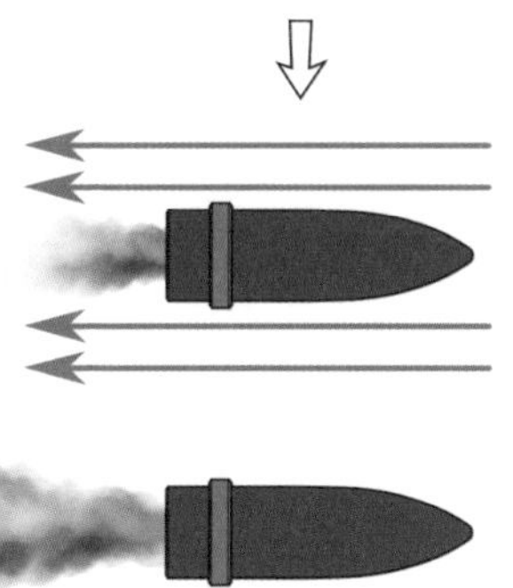

[그림 2-24] 분진탄(RAP)이란?

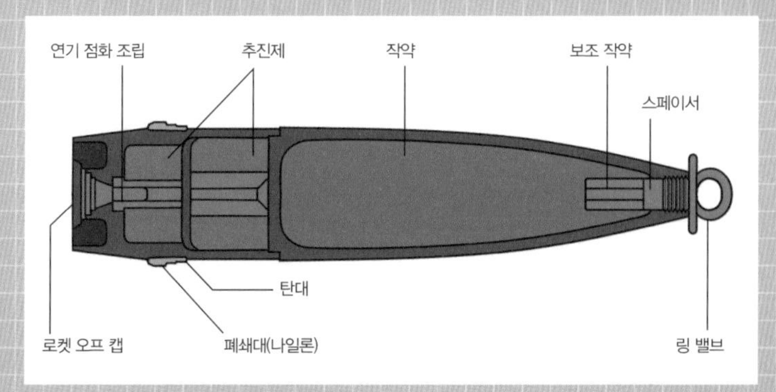

[그림 2-25] 155mm 로켓 어시스트 포탄 M549A1의 구조

핵포탄

보통 155mm 포로 핵포탄을 발사할 수 있다

제2차 세계대전 후 핵무기의 급격한 발달과 함께 대포로 핵포탄을 쏠 수 있게 되었다. 초기에는 핵폭탄의 소형화가 어려워서 구경 280mm의 M65 캐넌포가 제조되었다. 사거리가 30km밖에 되지 않는데 포의 무게는 83톤이나 되어 그다지 사용하기 편한 포는 아니어서 1953~1963년이라는 비교적 짧은 기간에만 배치되었다. 이 포에 사용되는 W9 핵포탄의 폭발력은 15킬로톤, 개량형인 W19 핵포탄의 폭발력은 15~20킬로톤이었다(1킬로톤의 폭발력은 TNT 폭약 1,000톤 분량에 해당함).

해군에서는 아이오와급 전함의 16인치(406mm) 포로 쏘는 W23 핵포탄이 제조되었다. 이 핵포탄은 보통 16인치 포탄을 이용하고 내부에 W19 포탄과 같은 핵폭발부를 장착한다. W23 핵포탄은 1956~1962년 동안 배치되었다.

1957~1992년에는 주로 203mm 유탄포로 발사할 수 있는 W33 핵포탄이 배치되었다.

1963~1992년에는 주로 155mm 포로 발사할 수 있는 W-48 핵포탄이 배치되었는데, 다른 핵포탄이 모두 우라늄을 사용한 건배럴식(히로시마형)인 데 반해 이 포탄은 유일하게 플루토늄을 사용한 폭축식으로 만들어졌다.* 그런데 성공작이라고는 할 수 없고 폭발력은 0.072킬로톤에 그쳤다. 그리고 '203mm는 플루토늄을 사용한 폭축식으로도 가능하다'고 해서 1975~1992년까지 203mm의 W79 핵포탄이 배치되었다.

미국에 대항하여 소련도 핵포탄을 발사할 수 있는 400mm 포를 만든 적이 있는데, 전술핵 공격은 지대지 미사일을 사용하게 되어 이 400mm 포는 부대에 배치되지 않았다.

---

* 건배럴식과 폭축식 모두 핵무기 구조의 하나이다.

[그림 2-26] 지금은 과거의 유물이 된 280mm M65 캐넌포

[그림 2-27] 1953년에 네바다 사막의 핵실험장에서 이루어진 업숏 노트홀 작전의 그레이블 실험. 280mm의 M65 캐넌포에서 W9 핵포탄(15킬로톤)이 실제로 발사되었다.

사진/미국 에너지성

클러스터탄

대지로켓이나 포탄도 친자탄은 클러스터 폭탄

[그림 2-28]은 자위대가 미국에서 도입한 M270 다연장 로켓탄 발사기(MLRS)이다. 여기에서 발사되는 로켓탄에는 여러 종류가 있는데, M26 로켓탄이 대표적이다. M26 로켓탄은 사거리가 32km이며, 그 안에 [그림 2-29]인 M77 자탄 644개가 들어 있다.

이 탄을 적의 머리 위로 뿌리면 드래그 리본(제동 리본)을 흩날리며 떨어지고, 적의 전차나 장갑차에 닿으면 먼로 효과로 장갑을 뚫고(관통 능력 100mm) 탄피가 날아가 사람을 살상하는데(대인 유효 반경 4m), 200m×100m 지역을 제압한다. 이 로켓탄이 1량에 12발 탑재되어 있어 총 7,728발의 탄비를 뿌릴 수 있다.

자위대는 적이 상륙해 오면 해안에 밀집된 타이밍을 포착해 이 탄비를 뿌리려고 했다. 그런데 일본 정부는 2008년 비행기에서 투하하는 클러스터 폭탄뿐만 아니라 지상 발사 로켓탄이나 대포의 포탄도 '친자탄으로 되어 있는 것은 모두 클러스터탄이다'고 하는 클러스터 폭탄 금지 조약에 조인하게 된다.

이에 따라 M26 로켓탄을 비롯해 155mm 유탄포에서 발사하는 친자형 포탄*은 물론 AH-1 헬리콥터에서 발사하는 70mm 로켓탄 M261(M73 자탄 9개 탑재)까지도 폐기 처분하게 되었다.

미국을 비롯해 중국, 러시아, 북한, 한국도 클러스터 폭탄 금지 조약에는 조인하지 않았기 때문에, 일본만 자신의 손발을 묶어 방위력을 저하시키는 결과를 초래하였다.

* 03식 다목적 유탄. 100m×100m 지역을 제압한다.

[그림 2-28] M270 다연장 로켓탄 발사기(MLRS). M26 로켓탄 사용이 금지되어 GPS로 유도되는 단탄두인 M31 로켓탄이 사용된다.

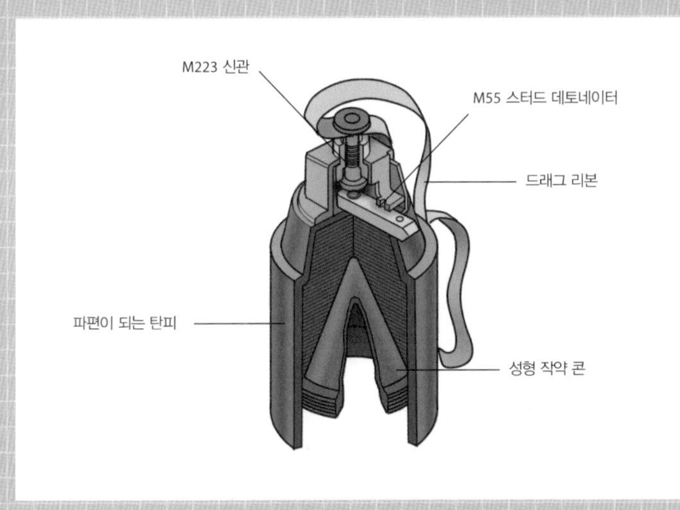

[그림 2-29] M77 자탄. 높이 81mm, 지름 38mm, 무게 230g이다.

독가스탄

최신 탄은 발사할 때까지 무독이다

제1차 세계대전에서 독가스를 사용하기 시작한 당초에는 '적 쪽으로 바람이 불 때 염소가스 봄베를 연다'는 원시적인 방법이었다. 이윽고 이페리트 등 독성이 강한 유독화학제를 포탄에 넣어 발사하게 된다.

그런데 제1차 세계대전의 경험으로부터 '독가스는 서로 같이 사용하면 희생만 커져 작전상 오히려 좋지 않다'는 것을 알게 되어 제2차 세계대전에서는 독가스를 사용하지 않았다.

그렇지만 각국이 연구를 거듭해 배치하고는 있었다. 일본도 이페리트나 포스겐 등을 넣은 포탄이나 폭탄을 배치했다. 제2차 세계대전 후 냉전시대에도 마찬가지로 소련군은 특히 화학전을 중시한 편제 장비를 갖추었다.

독가스라고는 하지만 상온에서 기체인 것은 보관이나 취급이 번거로워, 현대에 와서는 액체 유독 화학제를 화학무기에 사용한다. 포탄에 액체를 넣어 적의 머리 위에서 폭발시킴으로써 안개 상태로 흩뿌리는 것이다. [그림 2-30]은 미군의 M121A1 화학 포탄이며 사린 또는 VX가 장전되어 있다.

그런데도 맹독 물질의 보관이나 취급에는 위험이 동반된다. 그래서 등장한 것이 바이너리탄이다. [그림 2-31]은 미군의 M687 화학 포탄으로 독성이 없는 두 종류의 약제가 구분되어 들어가 있다. 발사 충격으로 칸막이가 파괴되고 포탄의 회전으로 비상 중에 약액이 섞이면 사린이 되는 것이다. 이 포탄은 신관이 기폭하면 포탄의 꼬리 부분을 날려 사린이 안개 상태로 산포된다.

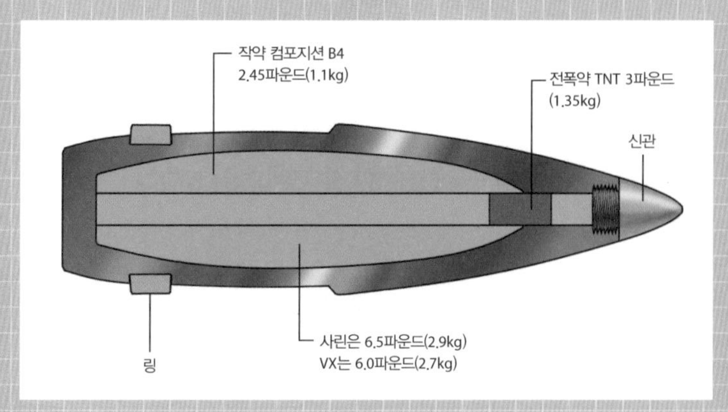

[그림 2-30] 155mm 화학 포탄 M121A1

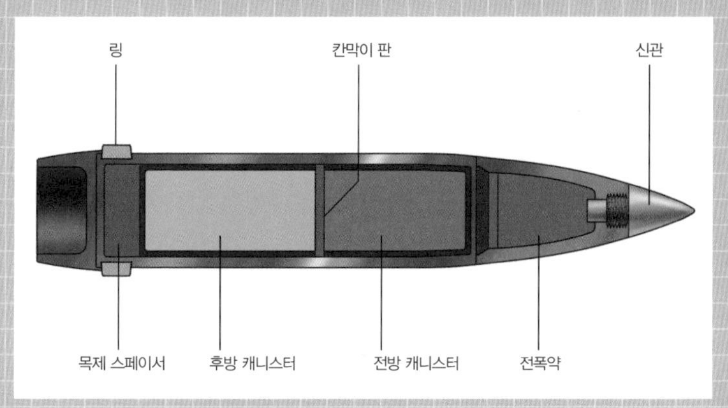

[그림 2-31] 155mm 바이너리 화학 포탄 M687

액체 장약

꽤 이전부터 구상했지만 실용화되지는 않았다

예로부터 발사약은 고체였다. 그런데 비행기나 자동차의 연료는 액체이다. 화포의 발사약(장약)도 마찬가지로 액체 연료로 하여, 포탄만 장전한 후에 밸브를 열었을 때 액체 장약이 주입된다면 편리할 것이다. 자동장전 장치도 소형화할 수 있고 발사 속도도 향상시킬 수 있다.

현재, 전차의 포탄은 쉽게 장전할 수 있고 또 적의 탄을 잘 맞는 포탑 뒷부분에 탑재된 경우가 많은데, 액체를 연료로 하면 적탄에 잘 맞지 않는 안전한 장소에 장약 탱크를 설치할 수 있다.

게다가 연료와 산화제 두 개로 분리되어 있다가 약실에 주입했을 때 양자가 혼합하여 발사약으로 기능하는 것이라면, 안전성은 비약적으로 높아진다.

또 한 발 분량의 액체 장약 전부를 약실에 주입한 후에 점화하는 것이 아니라, 어느 정도 액체 장약을 연소시켜 포탄이 움직일 때 남은 액체 장약을 추가 주입할 수 있으면, 현재의 화포보다 약실 압력을 낮출 수 있다.

약실 압력을 낮출 수 있으면 포신의 경량화가 가능해지고, 같은 포신 길이로 고체 장약보다 초속도를 높일 수도 있다.

이러한 이유로 액체 장약(Liquid Propellant)은 수십 년 전부터 연구되었지만, 의외로 연구 성과를 올리지 못해 실용화 단계에 들어서지 못하고 있다. 고체 장약과 비교해 연소 속도 조절이 어렵고 초속도가 일정하지 않다. 즉, 명중 정확도가 낮기 때문이다.

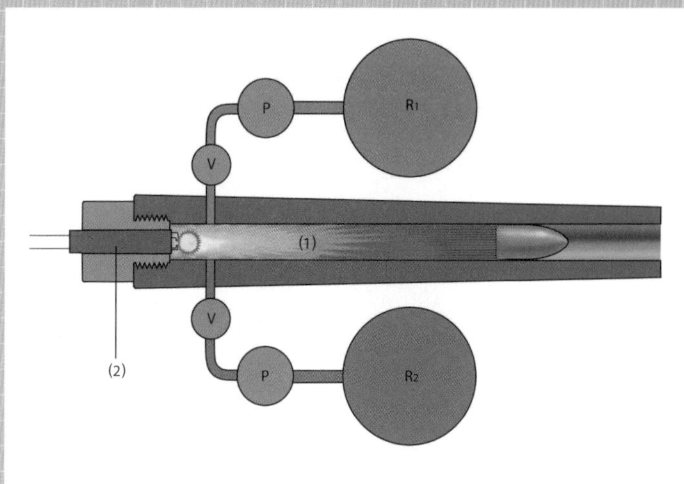

R_1: 산화제 탱크
R_2: 연료제 탱크
P: 펌프
V: 밸브
(1): 혼합되어 연소 중인 액체 장약
(2): 점화 플러그가 달린 꼬리 마개

[그림 2-32] 액체 장약의 이미지

Column 02

외장식 포탄이란?

보통 포탄이라고 하면 포신 안을 통해 발사되는 것을 말한다. 그런데 예외적으로 포신의 바깥쪽에 탄이 덮여 있는 것도 소수이기는 하나 볼 수 있다.

그 대표적인 예가 일본군의 98식 구포이다. 포탄은 하단 그림처럼 날개가 있는 로켓탄과 같은 모습을 하고 있지만 로켓탄은 아니다. 로켓탄과 달리 탄 안에 발사약(장약)이 없고, 발사약은 포 쪽에 있다.

매우 짧은 포신에서 발사되기 때문에 초속도가 늦고, 사거리가 짧으며, 명중 정확도가 낮다는 결점이 있지만, 그래도 괜찮다면 간단한 발사 장치로 큰 포탄을 발사할 수 있다.

이 98식 구포는 발사 장치와 포탄 모두 사람이 직접 적의 가까운 곳까지 옮겨, 생각지도 못했던 곳에서 큰 포탄을 쏘아 올려 적을 놀라게 함으로써 전과를 올릴 수 있다.

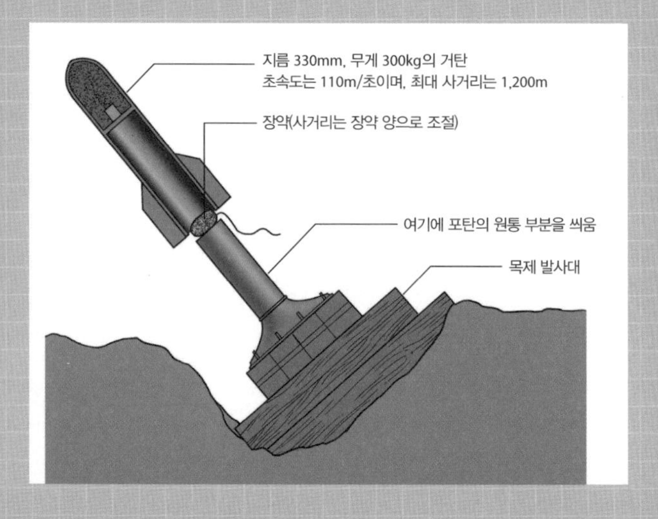

화포의 구조

화포는 포신뿐만 아니라 포격 시 반동을 흡수하는 주퇴기,
포신의 각도를 조절하는 고각 장치, 포신의 방향을 바꾸는 방향 장치 등
그 구조가 다양하다. 이 장에서는 이들 구조에 대해 살펴보자.

▲ 155mm 유탄포 FH-70 고각 장치의 톱니바퀴

포신의 재료

예전에는 청동제보다 철제 포신이 잘 파손되었다

총포의 총신이나 포신은 barrel, 즉 통이라고 한다. 여러 장의 판을 대나무나 금속 띠로 둘러서 통을 만들듯이, 14세기쯤의 대포 포신도 많은 철봉을 짜 맞춰서 만들었기 때문이다. 소형 동포(銅砲)는 당시에도 주조가 가능했지만, 커다란 철로 된 것을 하나의 통으로 만드는 기술은 발달되지 않았다.

그러나 15세기 즈음이 되자 점점 큰 청동 포신을 주조할 수 있게 되었다. 청동은 동과 주석의 합금이다. 포신의 재료는 동 90%, 주석 10%의 비율이 적합하며, 이것을 건 메탈이라고 한다. 일본어로는 포금(砲金)이라고 한다. 예전의 청동포는 박물관에서 보면 청회색을 띠고 있어서 청동이라고 하였는데, 이는 표면이 녹슬어서 청동색을 띠는 것이다. 원래 청동은 황금색에 가깝다.

수백 년 전의 포신은 대부분 청동 주조로 제작되었다. 당시의 야금 기술로 주조된 철 제품은 탄소 함유량이 많고 물러서, 청동 포신보다 잘 파열되었기 때문이다.

하지만 청동의 약 3분의 1 비용으로 철 포신을 만들 수 있었기 때문에, 각국은 철 주조법을 연구하였다. 그리고 16세기 영국에서 여전히 청동보다 무르기는 하지만 그럭저럭 쓸 만한 주철포를 만드는 데 성공한다. 이 주철포는 영국이 대량의 대포를 제작해 세계의 바다를 지배할 수 있게 하는 큰 원동력이 되었다.

강철 포신은 19세기부터 주조할 수 있게 되었다. 현대 포신에 사용되는 철은 탄소 0.25~0.35%, 니켈 1.5~2.0%, 크롬 1.0~1.5%, 몰리브덴 0.2~0.4% 정도의 합금으로 구성되어 있다. 한편 요즘은 포신을 튜브라고 부르기도 한다.

[그림 3-1] 청동포는 청회색으로 녹슬어서 청동이라고 부르게 되었는데, 제조된 직후에는 황금색으로 빛난다.

[그림 3-2] 주철포는 청동포에 비해 저렴하지만 쉽게 파열되었다.

포신의 구조

단층 포신과 복층 포신, 자긴 포신

전국 시대의 일본에서는 대포의 포신도 화승총을 만드는 것처럼 단조* 방식으로 제작하였다. 도쿠가와 이에야스가 오사카성을 포격할 때 사용했던 대포가 남아 있는데, 이 대포는 두께 12.5mm의 철판을 여덟 장 겹쳐서 둥글게 감아 가열하고 두드려서 만들었으며, 이 대포의 단면은 마치 바움쿠헨처럼 생겼다. 이 단조 포는 매우 튼튼했을 것이라고 생각하는데, 상당히 고가이기도 했을 것이다. 그러나 일본은 에도 막부 말기까지 철을 주조**하여 포신을 만들지는 못했다.

유럽에서는 19세기 즈음부터 포신을 이중, 삼중으로 제조하였다. 안쪽 포신의 바깥쪽에 그대로는 씌울 수 없는 안쪽 지름이 미세하게 얇은 통을 열로 조금 팽창시켜서 끼운다. 열이 식으면 끼웠던 통이 수축하여 안쪽 통을 꽉 조이게 된다. 이 조이는 힘이 화약의 연소 압력에 대항하여 포신의 강도를 더욱 높여 주는데, 이것을 복층 포신(multilayer tube)이라고 한다.

또 안쪽 통의 바깥쪽으로 철사를 세게 돌려 감은 다음 그 위에 통을 씌우는 강선법이라고 하는 제조법도, 제2차 세계대전 즈음 군함 대포에 자주 이용되었다. 일본 해군의 대구경 포에는 두께 1.59mm(16분의 1인치), 폭 6.35mm(4분의 1인치)의 강선이 사용되었다.

19~20세기 초기까지는 복층 포신이 주류를 이루었는데, 현대에 와서는 다시 단층 포신(mono-block tube)이 그 자리를 대신하게 되었다. 단층 포신은 포신을 만들 때 내부에 수천 기압의 높은 수압을 가해 조금 볼록하게 만든다. 그러면 이 압력에 반발하여 포신에는 수축하려는 응력이 작용한다. 이 수축력이 포신이 얇아도 화약의 연소 압력에 견딜 수 있는

* 금속을 가열하여 쇠망치나 수압기로 두드리며 늘여서 모양을 만들어 찰기 있게 하는 것
** 금속을 녹여 거푸집에 흘려 넣어 모양을 만드는 것

강력한 포신으로 만들어 준다. 이것을 자긴법(auto frettage)*** 이라고 하며, 이 방법으로 만든 포신을 자긴 포신이라고 한다.

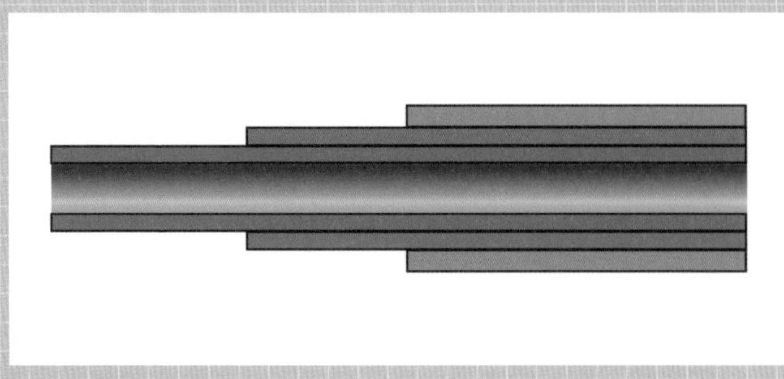

[그림 3-3] 복층 포신

안쪽 포신의 바깥쪽에 안쪽 지름이 미세하게 얇은 통을 열로 팽창시켜서 끼운다. 식으면 수축하여 안쪽 포신을 꽉 조이게 된다.

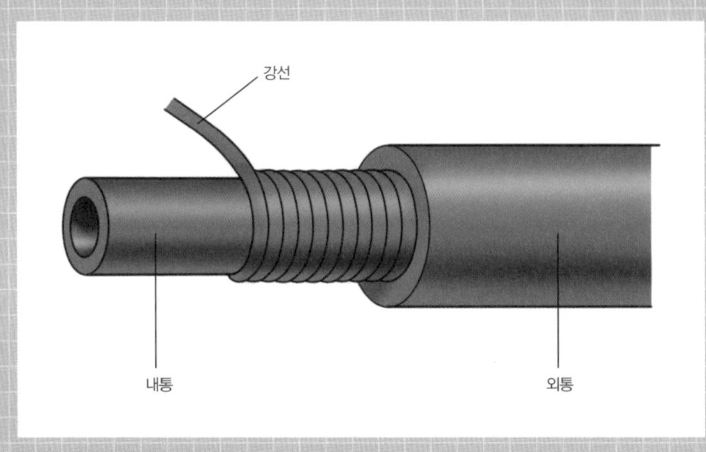

[그림 3-4] 강선법으로 만든 포신

철사를 세게 잡아당기면서 돌려 감으면 내통을 조이게 되며, 이것이 화약의 연소 압력에 대한 저항력을 증가시킨다. 철사를 감은 위에 외통을 끼우는 경우에도 안쪽 지름이 미세하게 작은 외통을 열로 팽창시켜 끼운다.

*** 오토프레타즈

라이플포와 활강포

현대 총포에는 대체로 강선이 있다…

강선(rifling)은 포신 한 대의 길이에 겨우 1~2회 정도 감을 수 있는, 완만하게 패인 홈을 말한다. 권총이나 공기총, 기관총, 군함의 대포 등 대부분의 총포 포신 내부에 이 강선이 있다. 권총은 4~6줄 정도이지만, 구경이 클수록 그 수가 증가해 대포 정도 되면 수십 줄이나 된다. 홈의 깊이도 권총은 0.1mm 정도이지만, 대포는 그 깊이가 1~수 mm에 이른다.

포탄에는 이 강선에 끼우기 위한 동 밴드(driving band)가 감겨 있는데, 이것을 링이나 탄대라고 한다. 포탄은 화약이 연소하는 압력에 의해 강선에 맞물려 회전한다. 수백 년 전 둥근 포탄을 사용하던 대포에는 강선이 없었지만, 현대의 도토리형 포탄은 이렇게 회전하지 않으면 탄두가 목표물을 향해 정상적으로 날아가지 않는다.

전차포나 대전차포 중에는 강선이 없는 것도 있는데, 강선이 없는 포를 활강포(smooth bore gun)라고 한다. 전차의 장갑을 관통하려면 가능한 얇고 긴 포탄을 사용해야 하는데, 포탄 지름의 5~6배 길이까지만 회전으로 안정시킬 수 있다. 이보다 얇고 긴 포탄은 화살처럼 날개를 부착하여 안정시키는 방법밖에 없다. 날개로 안정시킬 경우에는 강선이 없어도 된다.

전 세계에서 처음으로 활강포를 탑재한 것은 소련의 T-62 전차였다. 그 후에는 대부분의 전차가 활강포를 탑재하게 된다. 또 대부분의 박격포에도 강선이 없다.

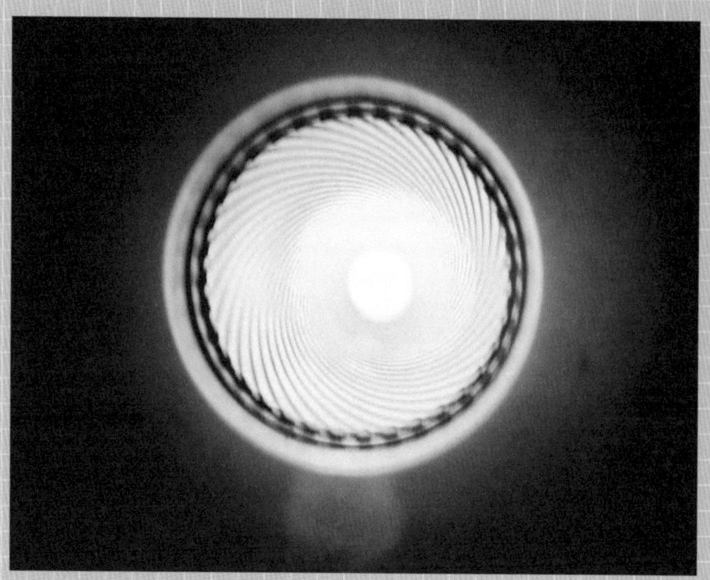

[그림 3-5] 강선. 대부분의 총포에는 완만하게 회전하는 홈이 패여 있다.

[그림 3-6] 현대식 전차에는 대체로 활강포가 탑재되어 있다. 일본에서도 90식 전차와 10식 전차는 활강포를 탑재한다. 사진은 90식 전차이다.

대포의 구경 표시

3인치 50구경 포란? 6파운드 포란?

대포의 구경은 주로 강선의 산경*으로 표시한다. 하지만 그 구경도 공식 명칭과 실측 치수가 미묘하게 다를 때가 있다. 예를 들어 전함 나가토의 40cm 포 산경은 410mm였다. 참고로 40cm 포에는 홈의 깊이가 3.5mm인 것과 4.1mm인 것이 있었다. 대포의 구경은 지금은 미국에서도 mm로 표시하지만, 제2차 세계대전까지는 인치를 사용했다. 1인치는 25.4mm이다. 그래서 구경 3인치는 76.2mm, 구경 5인치는 127mm이다.

예전에는 사용하는 둥근 포탄의 무게를 기준으로 6파운드 또는 25파운드 포라고 불렀던 시기가 있었다. 영국은 제2차 세계대전 때도 둥근 포탄을 사용하는 것도 아닌데 둥근 포탄 기준으로 구경을 표시했다. 2파운드 포는 구경 40mm, 6파운드 포는 구경 57mm, 25파운드 포는 구경 87.6mm였다.

3인치 45구경 포, 105mm 51구경 포라고 하는 표현이 있다. 이는 구경과 함께 포신의 길이를 나타내는 것이다. 45구경이나 51구경은 포신 길이가 구경의 45배, 51배라는 의미이다. 3인치 45구경이라고 하면 포신의 길이가 3인치(76.2mm)의 45배, 즉 3,429mm라는 것이다. 마찬가지로 105mm 51구경은 포신의 길이가 5,355mm(105×51)라는 의미이다.

같은 구경에 같은 포탄, 같은 화약으로 발사하면 포신이 긴 포가 포탄의 속도가 빨라 사거리가 길고 관통력이 좋아진다. 그렇기 때문에 위력 차이의 기준이 될 수 있도록 이렇게 표현한다.

---

* 강선 홈의 산과 산을 연결한 지름

[그림 3-7] 에도 막부 말기에 채택되어 메이지 시대 초기에 사용했던 4산 야포. 4근 산포의 '근'은 포탄의 무게가 정말 4근(2,400g. 1근=600g)이었던 것이 아니라 약 4kg이었다. 게다가 이 포탄은 둥근 포가 아니라 도토리형 포탄의 무게였다. 사진은 고료카쿠 타워에 있는 4근 산포의 복제품이다.

[그림 3-8] 프랑스에서 개발된 것을 미국이 도입하여 남북전쟁에서 사용한 12파운드 나폴레옹포. 실은 포탄의 무게가 12파운드였던 것이 아니라 구경이 12cm였다.

사진/미 육군

포신의 수명

대구경일수록, 고속탄을 쏠수록 수명이 짧다

대부분의 대포에는 강선이 패여 있다. 강선이 마모되어 포탄이 정상적으로 회전하지 못하면 그 포신은 수명이 다한 것이다. 몇 발까지 쏠 수 있는지를 포신 수명(barrel life 또는 tube life)이라고 한다.

포신 수명은 대구경일수록, 또 탄의 속도가 빠를수록 짧아진다. 예를 들어 전함 야마토의 46cm 포는 초속도가 780m/초이며, 포신 수명이 200발 정도였다. 초속도 780m/초의 소총은 3만 발 정도 된다. 초속도가 약 300m/초인 권총은 몇 십만 발을 쏠 수 있는지 알 수 없을 정도이다.

구경이 크더라도 탄의 속도가 느린 포는 오래 사용할 수 있다. 105mm 유탄포 M2A1은 초속도 472m/초에 2만 발, 155mm 유탄포 M1은 초속도 564m/초에 1만 5,000발이다. 그런데 74식 전차에 탑재되는 105mm 전차포 L7은 구경이 105mm밖에 되지 않지만, 초속도가 1,490m/초로 빨라서 포신 수명이 200발 정도이다.

그럼 90식 전차나 10식 전차에 탑재되는 120mm 전차포와 같은 활강포는 포신 수명이 어느 정도일까? 120mm 전차포의 수명은 900발이라는 이야기가 있다. 물론 900발이 넘어도 발사할 수 있으며, 유익탄은 안정적으로 비행한다. 하지만 포신이 마모되어 있어서 수 km나 떨어져 있는 전차를 명중할 정도의 정확도는 기대할 수 없다.

활강포 포신의 수명은 '이 정도의 정확도가 필요하다'는 요구치를 충족할 수 있는지에 따라 결정된다. 따라서 포 자체는 아무것도 달라진 것이 없는데 요구치를 낮추면 포신 수명이 길어진다.

[그림 3-9] 육상자위대가 사용하던 105mm 유탄포 M2A1의 포신 수명은 2만 발이었다.

[그림 3-10] 74식 전차에 탑재되는 105mm 전차포 L7의 포신 수명은 200발 정도였다.

포신의 부속품

머즐 브레이크, 분사편향기, 배연기 등

[그림 3-11]처럼 현대의 총포 포신 끝에는 머즐 브레이크(muzzle brake)가 장착되어 있다. 머즐 브레이크는 발사 폭풍(爆風)이 이 브레이크에 부딪치면, 반동에 의해 뒤로 밀려나려는 포를 조금이라도 앞으로 당겨 반동을 완화하는 것이 목적이다.

일본의 61식 전차나 미국의 M48 전차 등 1950~1960년대 전차는 포구에 분사편향기(blast deflector)를 장착한 사례가 있었다. 이 편향기는 폭풍을 옆으로 밀어내 전방의 모래 먼지를 최소화하는 것이 목적이다. 발사 폭풍이 지면에 충격을 가해 모래 먼지를 일으키면, 그 먼지가 다음 탄을 쏠 때 조준을 방해하기 때문이다.

현대 대부분의 전차포에는 머즐 브레이크나 분사편향기가 장착되어 있지 않다. 그 이유는 장탄 장치 철갑탄을 사용하게 되어, 포구 부분에 머즐 브레이크나 분사편향기가 있으면 장탄 장치가 걸리거나 장탄 장치가 열리는 데 악영향을 미치기 때문이다.

현대 전차포에는 배연기(evacuator)가 있는 것이 특징이다. 일본의 전차는 74식 전차나 90식 전차, 10식 전차도 포신의 중간에 장치를 씌워 두껍게 하는데, 바로 그 부분이 배연기이다.

포탄을 발사하면 기세 좋게 폭풍을 내뿜는다. 그 결과 발사 직후 순간적으로 포신 안의 가스가 이곳으로 몰리면서 외부보다 압력이 낮아진다. 그리고 다음 순간 외부로 나갔던 연기를 포신이 빨아들인다. 이때 다음 탄을 쏘기 위해 폐쇄기*를 열면 전차 안으로 연기가 역류한다. 이 역류를 방지하고자 포신 중간에 구멍을 뚫은 다음 장치를 씌워 가스를 모았다가 발사 직후에 포신의 압력이 내려가는 것을 막기 위해 가스를 뿜어낸다.

* 3–7 참조.

[그림 3-11] 러시아의 M1932 야포에서 볼 수 있는 머즐 브레이크

[그림 3-12] 61식 전차의 포신 끝에 설치된 분사편향기

[그림 3-13] 90식 전차의 배연기. 연기의 역류를 방지한다.

폐쇄기

해군에서는 누기 밸브라고 했다

탄을 장착한 후에 막는 것이 폐쇄기(breech block)이다. 해군에서는 누기 밸브라고 했다. 이 밸브가 제대로 기능하지 않으면 엄청난 일이 발생한다는 것을 충분히 상상할 수 있을 것이다.

폐쇄기에는 다양한 유형이 있다. 전차포나 대전차포, 비교적 소형인 야포에서 볼 수 있는 것이 쐐전식(slide wedge breech)으로, 약협을 사용하는 대포의 대부분이 쐐전식이다. 이 폐쇄 블록이 어떻게 움직이는지에 따라 수평 쐐전식과 수직 쐐전식으로 나뉜다.

예전 독일의 대포는 꽤 큰 거포도 약협을 사용하여 쐐전식이었는데, 일반적으로 큰 대포는 약협을 사용하지 않고 화약을 넣은 주머니인 약낭을 사용한다. 이 경우에는 격라식(interrupted-screw breech block)이나 단격라식(stepped thread breech block) 폐쇄기가 사용된다.

격라식은 요컨대 나사조임식으로, 단순한 나사는 몇 바퀴나 빙빙 돌려 조여야 해서 힘들다. 실제로 후장식 포를 발명한 초기에는 이 나사조임식이 있었다.

그래서 수나사와 암나사 쪽에도 나사산이 없는 부분을 만들어 밀어 넣은 다음 몇 분의 1 정도 돌렸을 때 나사가 전부 맞물리는 것이 격라식이다. 단격라식은 격라 나사의 지름이 계단 모양으로 커지는 것이다.

격라식, 단격라식 둘 다 나사산을 자른 부분이 있어서 약협을 사용하지 않는 약낭식인 경우 그 상태로는 가스가 누출된다. 그래서 폐색구(obturator)라는 패킹으로 가스 누출을 방지한다. 과거에 이 폐색구 장착을 깜빡하고 포를 발사해 대원이 큰 화상을 입은 사고가 있었다.

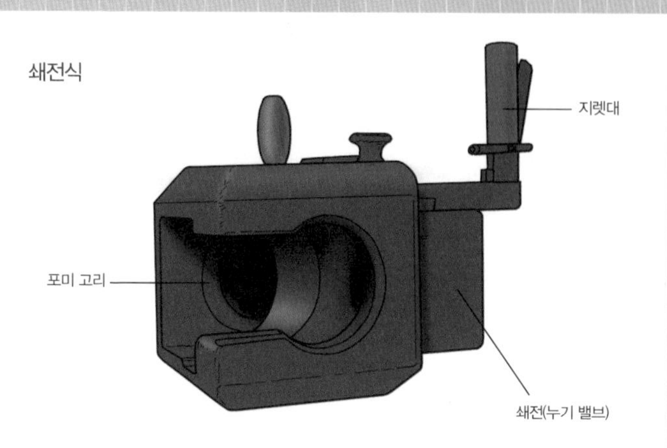

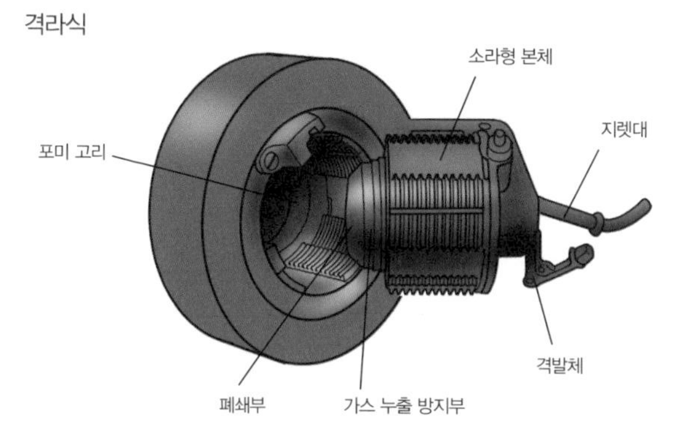

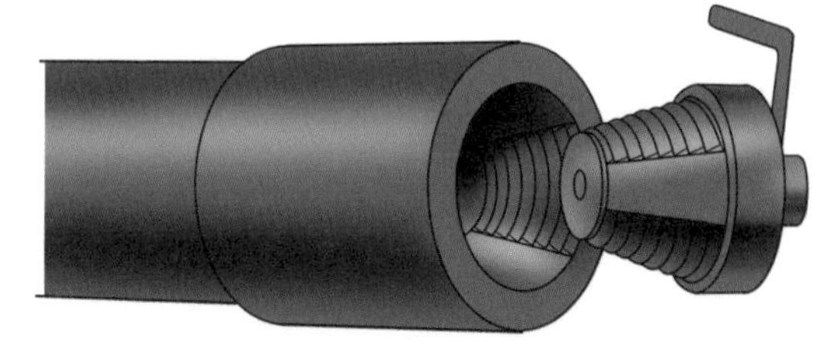

[그림 3-14] 폐쇄기 구조

주퇴 복좌기

예전 대포는 발사 반동으로 인해 뒤로 후퇴했다

대포를 발사하면 당연히 반동이 있다. 예전 대포는 발사할 때마다 수 미터나 시끄러운 소리와 함께 후퇴해서 포병들은 포를 원래 위치로 밀어 다시 조준했다. 반동을 흡수하는 주퇴기(recoil brake)는 20세기 초부터 장착되었다.

주퇴기 안에는 [그림 3-15]처럼 발사 반동으로 후퇴한 포신을 되돌리기 위한 스프링이 들어 있다. 그런데 스프링만 있으면 후퇴하거나 되돌릴 때 강렬하고 단단한 충격으로 바로 파괴되어 버린다. 그래서 이 충격을 완화하기 위해 안에 오일을 넣는다. 피스톤 바닥에는 작은 구멍이 뚫려 있어 피스톤이 앞뒤로 움직일 때 오일이 이 구멍을 지나 앞뒤로 흐른다. 피스톤이 앞뒤로 움직이는 속도를 늦춰 충격을 완화해 주는 것이 오일이다. 자동차나 오토바이에 장착되어 있는, 지면으로부터의 충격을 완화하는 쇼크 앱소버도 주퇴기와 완전히 같은 원리이다.

이 스프링은 꼭 금속이어야 하는 것은 아니다. 일부 라이플 포는 차치하고, 실제로 많은 포에서 스프링이 공기에 높은 압력을 가하는 액체 기압식을 채택하고 있다. 그리고 [그림 3-16]처럼 주퇴관(recoil cylinder)과 복좌관(counter-recoil cylinder) 두 줄이 나란히 있는 대포가 많다.

포신이 반동으로 후퇴할 때 포신이 미끄러지는 레일을 포 요가(cradle)라고 한다. 상자형으로 되어 있으며, 주로 여기에 주퇴관이나 복좌관을 넣는다.

그리고 주퇴관과 복좌관이 포신의 외측을 감싸고 있는 동심액체 스프링식도 있다. 현대 전차포의 대부분이 동심액체 스프링식이다.

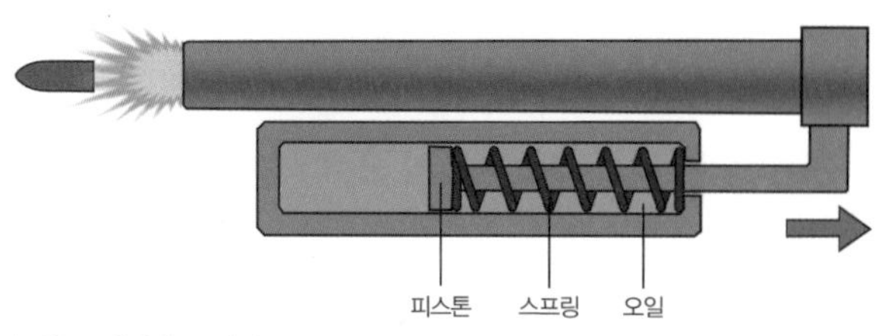

[그림 3-15] 액체 스프링식

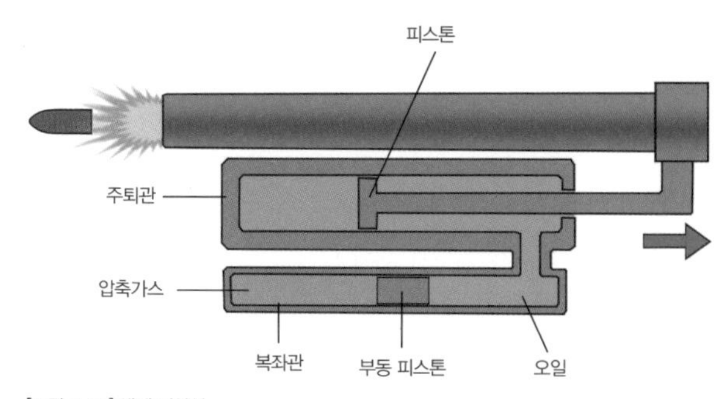

[그림 3-16] 액체 기압식

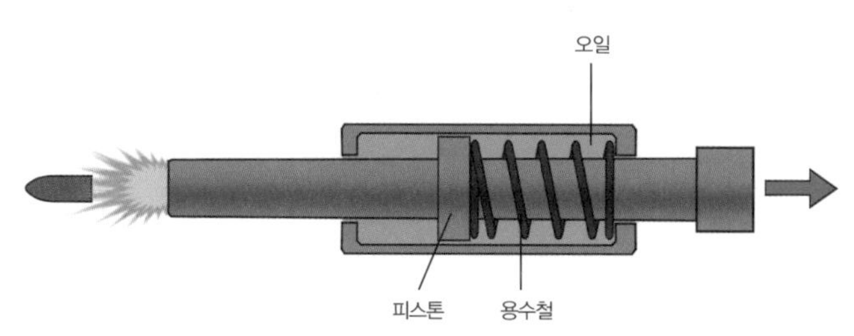

[그림 3-17] 동심액체 스프링식

다리와 포판

수 톤이나 되는 대포가 발사 충격으로 튀어 오른다

주퇴기가 있어도 발사 반동을 모두 흡수할 수 있는 것은 아니다. 발사한 후 포는 반동에 의해 뒤로 밀려나게 된다. 그래서 포의 다리(trail) 뒤쪽 끝에는 지면에 파묻는 판인 포판(spade)이 있으며, 지면을 파낸 곳에 이 판을 넣는다.

이 판에서 주퇴기가 흡수하지 못한 반동을 받아들여 포가 움직이지 못하게 한다. 그런데 흙이 너무 부드러우면 반동을 다 흡수하지 못해 포가 움직이면서 탄착점이 어긋나기도 한다.

포판이 반동을 흡수하면 발사 충격으로 포가 튀어 오른다. 특히 현대적인 고무 타이어가 달린 포는 쉽게 튀어 오르는데, 대전차포의 사격을 보면 발사 순간 포판을 기점으로 포가 튀어 오른다. 하지만 일정 크기 이상의 대포는 타이어가 지면에 닿지 않도록 잭 업되어 있다.

대포 다리는 19세기 말까지 단각식(다리가 하나)이었다. 그런데 단각식에서는 큰 앙각을 줄 수 없어, 다리를 옮기지 않는 한 좌우 방향 조절이 극히 제한적이라는 어려움이 있었다.

그래서 20세기로 넘어오면서 개각식(sprit trail)이 등장한다. 고사포는 신속히 360° 전방위로 방향을 바꿀 수 있도록 삼각, 사각인 것도 있다. 현재 러시아가 보유 중인 D-30 유탄포는 야전포이지만, 주위의 어떤 방향에서든 갑자기 적의 전차가 출현하더라도 대전차 방어 전투가 가능한 삼각식이다. [그림 3-20]을 보면 포판이 없는 것처럼 보이지만, 세 개의 다리 끝에 작은 포판을 해머로 끼워 넣은 것처럼 되어 있다. 미군의 최신 기종인 155mm 유탄포 M777은 4각식으로 되어 있으며, 뒤쪽 두 개의 다리에 포판이 달려 있다.

[그림 3-18] 포판을 지면에 끼워 넣고 있는 155mm 유탄포 FH70

[그림 3-19] 203mm 자주 유탄포는 거포인 만큼 포판(전차 뒷부분)도 거대하다.

[그림 3-20] 이라크군의 포로 보이는 D-30 유탄포. 흔치 않은 3각식 야전포이다. 사진에서 박음식 포판이라는 것을 알 수 있다.

사진/미 육군

[그림 3-21] 미군의 최신 기종인 155mm 유탄포 M777. 이 포도 흔치 않은 4각 야전포이다. 포판은 뒤쪽의 두 다리에 장착되어 있다.

사진/미 육군

앙부 장치

나선식, 치호식, 유압식 등 다양하다

멀리 있는 목표물을 쏘기 위해서는 포신의 각도를 올려서 발사해야 한다. 나폴레옹 시대까지는 포신 아래에 삼각형 나무 블록을 넣어서 앙부각을 조절했는데, 남북전쟁부터는 수직 나사로 포미 부분을 위아래로 조절할 수 있게 되었다. 이것을 나선식(단라식)이라고 한다.

그런데 이 나선식으로는 각도를 크게 조절할 수가 없었다. 그래서 20세기 초부터 많이 이용된 것이 치호식 앙부 장치이다. 제2차 세계대전 때 대포 사진을 보면 대체로 포 요가(크레이들) 아래에 큰 톱니바퀴가 장착되어 있다.

현대 화포도 나선식(복라식)은 이 앙부 장치가 장착되어 있는 경우가 많다. 앙부 장치는 두꺼운 나사 안에 얇은 역나사가 들어 있어서 한 바퀴 돌리면 단라식보다 두 배 많이 늘어난다. 이로 인해 앙각을 크게 조절할 수 있는 현대 화포도 나선식(복라식)으로 설계할 수 있다. 또 현대 화포 중 박격포는 주로 단라식을 이용한다.

유압을 사용하는 방식도 있다. 수동으로 유압 펌프를 돌리는 방법도 있지만, 유압식은 역시 동력원이 있어야 편리하기 때문에 주로 자주포나 함포에 이용된다.

포신에 앙부각을 부여하는 축 부분은 포이(트러니언)라고 한다. 예전 대포의 포이는 포신과 일체형으로 주조되어 포신의 일부였다. 현대 대포의 포이는 크레이들이라고 하는 케이스에 장착하는 것이 일반적이다. 크레이들은 포신 아래에 주퇴 복좌기를 장착한 것이다. 크레이들을 지탱하고 있는 것이 상부 포가(upper carriage), 상부 포가가 실려 있고 바퀴나 다리가 달린 대좌 부분이 하부 포가(lower carriage)이다.

[그림 3-22] 나선식(단라식)

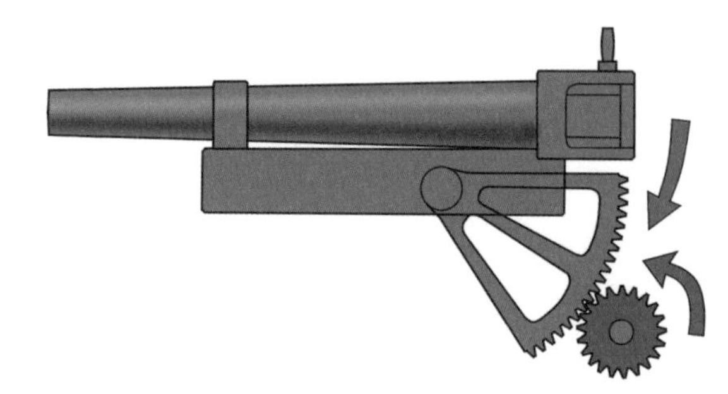

[그림 3-23] 치호식

[그림 3-24] 나선식(복라식)

방향 장치

나폴레옹 시대는 사람이 다리를 옮겨 방향을 결정했다

100년 이상 전의 대포는 포신을 목표물에 향하게 하기 위해 사람이 단각을 들어 올려 옮겼다. 일본 대포는 러일전쟁에서 사용된 31년식 속사 야포까지 사람이 직접 옮겼다.

그런데 이렇게 직접 옮겨서는 미세한 각도까지 조절할 수 없는 데다, 포가 크고 무거워지면 사람이 옮길 수가 없다. 그래서 방향 장치(traversing mechanism)가 개발되었다.

먼저 차축의 일부에 나사를 잘라 넣고 방향 핸들을 돌리면, 다리가 차축 위를 좌우로 미끄러지는 방향 장치인 차축 선회식(axle traverse)이 등장한다. 이는 구형 단각식 포에 이용된 방향 장치로, 조절할 수 있는 각도가 매우 한정적이었다. 일본의 38식 야포의 조절 각도는 좌우 각각 3.5°, 4년식 15cm 유탄포는 좌우 3°였다. 비교적 최신 포로 미국의 공수부대용으로 개발된 75mm 유탄포 M116은 경량화를 위해 차축 선회식으로 제작되었다.

핀틀식은 근대 개각식 포에 사용되었다. 하부 포가의 핀틀(선회축이 되는 핀) 구멍에 상부 포가의 핀틀이 들어가면, 이 핀틀을 축으로 하여 상부 포가를 좌우로 움직인다. 또 방향 핸들을 돌려 상부 포가를 좌우로 움직이기 위해, 앙부각 조절용 치호와 같은 톱니바퀴를 수평으로 장착한다. 조절할 수 있는 각도는 포의 종류에 따라 다른데, 일본의 대포를 예로 들면 개각식으로 된 90식 야포는 좌우 25°, 96식 15cm 유탄포는 좌우 15°였다.

고사포는 360° 선회가 가능했다. 링기어식이라고 하며, 360° 톱니바퀴가 달린 커다란 링기어 위에 상부 포가가 올라가 있다.

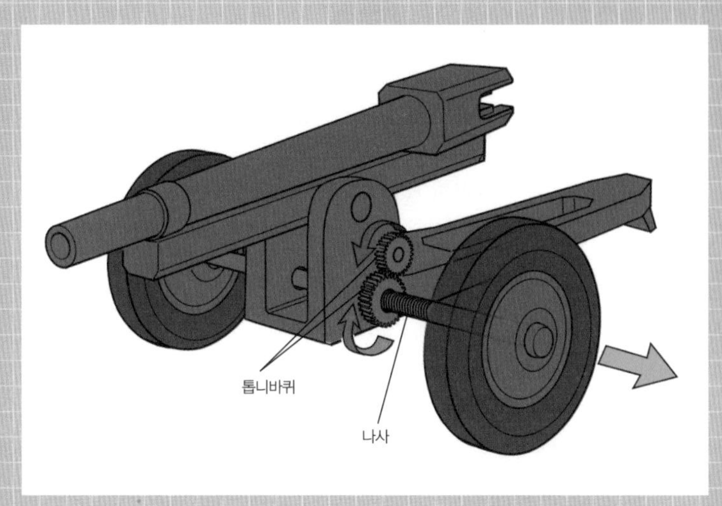

[그림 3-25] 차축 선회식

차축에 나사가 끼워져 있어 톱니바퀴를 돌리면 좌우로 움직인다. 이를 '선회'라고 하는데, 실제로는 좌우 방향으로만 이동(슬라이드)할 수 있었다.

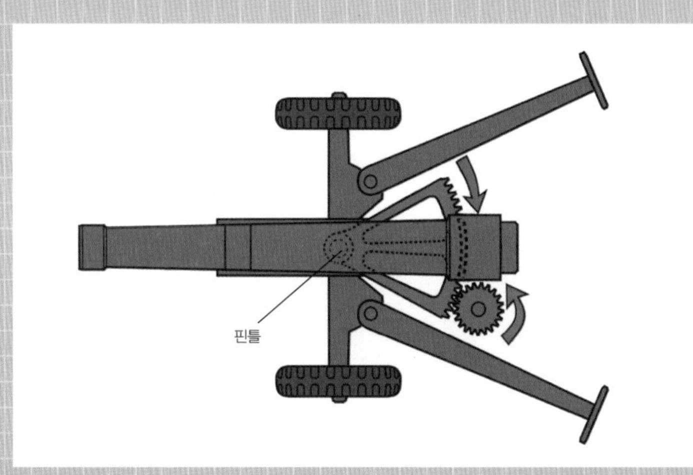

[그림 3-26] 핀틀식

핀틀이라고 하는 선회축을 중심으로 좌우로 움직인다.

평형기

긴 포신의 균형을 잡아 주는 장치

남북전쟁이나 청일전쟁 때까지 포신은 그다지 길지 않았고, 포이(트러니언)는 포신의 중심 가까이에 있었다. 사거리를 늘리기 위해 포신이 길어지고 큰 앙각을 걸 수 있게 되자, 포이는 긴 포신의 뒤쪽에 위치하게 되었다. 그런데 이렇게 되면 균형을 잡을 수 없다.

그래서 균형을 잡기 위해 장착된 것이 평형기(equilibrator)이다. 포신은 앙각이 클 때보다 작을 때 능률이 높다. 그렇기 때문에 평형기가 작용하는 힘은 앙각이 작을수록 강해지고 앙각이 클수록 약해지게 제작된다.

평형기에는 스프링식 평형기(spring equilibrator), 기압(pneumatic)식, 유기압(hydro-pneumatic)식, 토션바(torsion bar)식 등이 있다. 또 힘을 가하는 방향에 따라 인하식과 인상식이 있다.

[그림 3-27]은 인하식의 스프링식 평형기이다. 포신이 자체 무게로 포두를 내리려고 하면 피스톤이 스프링을 당겨 저항력이 생긴다. [그림 3-28]은 인상식의 스프링식 평형기로, 포신이 자체 무게로 포두를 내리려고 하면 스프링이 눌려 그 반발력으로 포신이 내려가려고 하는 힘에 저항한다.

큰 포의 경우 [그림 3-29]처럼 금속 스프링이 아닌 압축가스(대체로 질소)가 든 실린더를 사용하는 액기압식을 채택한다. 또 기관포 등 비교적 소형포에는 토션바식이 이용된다. 원형봉의 스프링 강재에 걸레를 짜는 것처럼 비트는 힘을 가해 그 반발력을 이용한다.

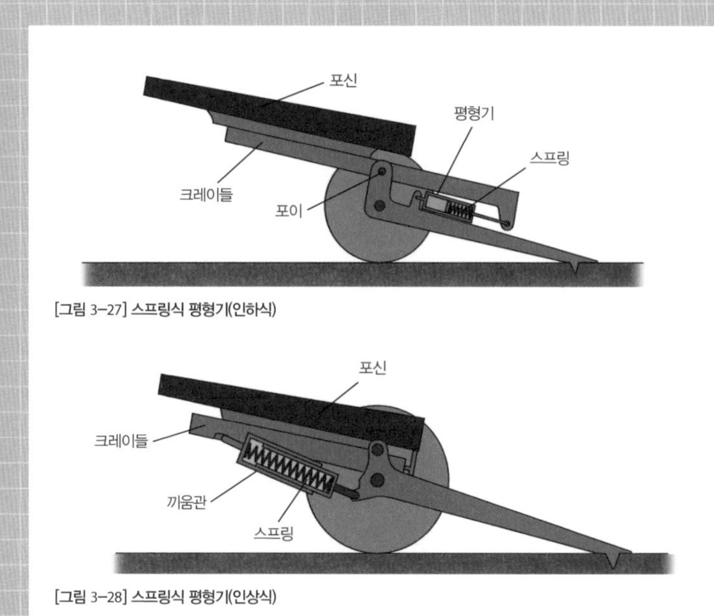

[그림 3-27] 스프링식 평형기(인하식)

[그림 3-28] 스프링식 평형기(인상식)

[그림 3-29] 155mm 캐넌포 M2 등 큰 대포의 평형기는 질소와 같은 압축가스가 들어 있는 실린더를 사용하는 액기압식이다.

박격포의 특징

포구로 탄을 장전하면 발사된다

박격포탄은 날개가 부착되어 있어서 비행기에서 떨어뜨리는 폭탄 같은 형태를 하고 있다. 포탄은 보통 영어로 shell이라고 하는데, 박격포탄은 형태가 특징적이어서 bomb라고 한다.

포탄 바닥에는 뇌관과 점화약이 장착되어 있는데, 그 바깥쪽인 날개와 날개 사이에 포대에 든 발사약(장약)을 장착한다.

박격포는 포탄을 포구로부터 장전하기만 하면 발사된다. 장전하면 포탄 바닥의 뇌관이 포신 바닥에서 돌출되어 있는 격침에 부딪쳐 발화하고, 점화약과 발사약이 연소해 포탄이 날아간다.

따라서 보통 대포가 1분에 몇 발밖에 쏘지 못하는 데 비해, 박격포는 손에 쥔 포탄을 포신 안에 떨어뜨리기만 하면 바로 발사된다. 그래서 1분에 20발 또는 그 이상의 속도로 쏠 수 있는 것이다.

보통 박격포는 경량을 중시해서 무거운 포신이나 반동을 억제하는 기구를 선호하지 않는다. 그래서 무거워지는 라이플포가 아닌 활강포를 주로 이용한다. 활강포에는 강선이 없어서 날개가 있는 포탄을 사용하는데, 명중 정확도가 떨어져서 '(발사) 수로 만회하는' 것이다.

그런데 현재 자위대가 사용하는 120mm 박격포 RT나 그 이전에 사용했던 107mm 박격포처럼 강선이 있는 박격포도 많지는 않지만 사용한다. 이들 포에 쓰이는 포탄은 장전하여 발화한 후 가스압으로 탄대가 넓어지면 강선에 끼워지거나, 탄대에 강선과 맞는 홈이 미리 패여 있다.

어찌 됐든 대부분의 박격포는 포탄을 포구로부터 사람이 장전하지만,

[그림 1-21]의 160mm 박격포처럼 큰 박격포는 사람이 탄을 장전하는 것이 불가능해서 포미를 들어 올려 아래에서 탄을 장전하는 후장식이다.

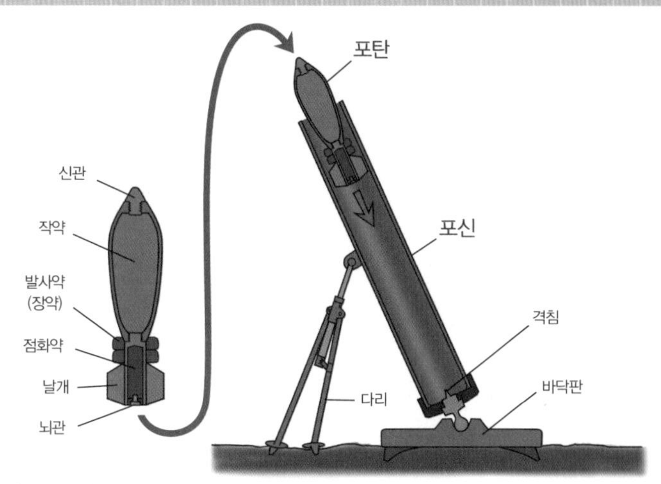

[그림 3-30] 박격포는 포탄을 위에서 넣으면 발화하여 날아간다. 일러스트는 활강포를 이용한 박격포 이미지이다.

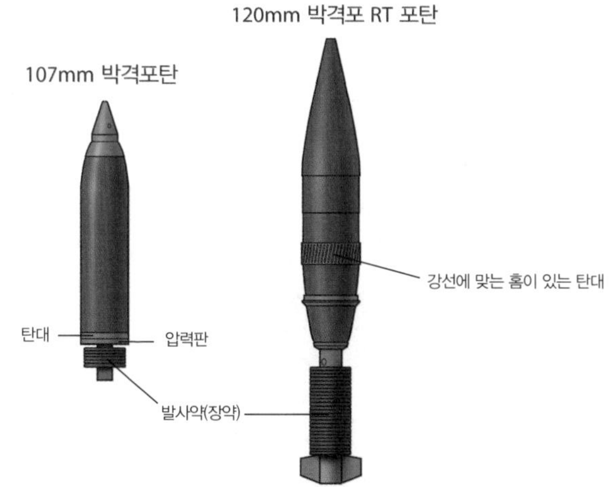

[그림 3-31] 강선이 있는 라이플 포를 이용한 박격포의 포탄. 좌측은 발사 압력으로 압력판이 탄대를 눌러 넓힌다. 우측은 탄대에 강선과 맞는 홈이 패여 있다.

Column 03

라이플링을 의미하는 일본어는?

라이플링을 의미하는 일본어는 다소 애매하다. 오래전에는 강선(腔綫)이라는 한자를 사용했지만, '상용한자에 없다'는 이유로 자위대에서는 구선(口線: 강선의 일본어 발음과 같음-역주)이라고 썼던 시기도 있었다. 이후에 강선이라고 쓰게 되었는데, 필자는(필자뿐만은 아니지만) 이것도 마음에 들지 않아 선조(旋条)라는 표현을 사용하고 있다.

그런데 방위성 규격 『화기용어(소화기)』(NDS-Y-0002), 『화기용어(화포)』(NDS-Y-0003)라는 것이 있는데, 여기에서는 라이플링을 강선(腔線), 총포신에 라이플링이 패여 있는 것을 시조(施条)[좀 복잡하지만 '선(旋)'이 아니다]라고 정의하고 있다.

필자는(필자뿐만은 아니지만) 방위성 규격의 용어에서 그렇게 설명하고 있는 것을 알면서도 다른 용어를 사용하고 있지만, 독자 여러분은 '방위성이 정한 용어는 강선 및 시조'라는 것을 알아 두기 바란다.

[그림 3-32] 포신의 라이플링. 필자는 라이플링을 선조(旋条)라고 표현하고 싶다.

포병대의 포격 방법

무턱대고 포격한다고 적이 맞는 것은 아니다.
이 장에서는 포병대의 적의 소재 파악, 탄도 계산, 신관 선택, 조준, 관측 방법,
또 적에게 포격되었을 때의 역탐지와 반격 방법, 방호 방법에 대해 살펴보자.

▲ 라마(탄 장전 봉)를 사용하여 155mm 유탄포 FH70의 포탄(45kg)을 두 명이 밀어 넣는 모습

사단

큰 작전을 수행할 때의 기본 단위

포병대를 이해하기 위해서는 우선 사단(Division: D)을 알아야 한다. 사단은 군을 여러 개로 구분한 것이어서 디비전이라고 하는데, 큰 작전을 수행할 때의 기본적인 부대 단위이다.

사단의 규모는 국가나 시대에 따라 다소 차이가 있지만, 거의 1~2만 명 정도이며 대략 [그림 4-1]처럼 조직된다. 그러나 자위대의 사단은 7,000~9,000명으로, 다른 국가 기준에서는 도저히 사단이라고 부를 만한 규모가 아니다. 사단은커녕 이 인원조차 유지하지 못해 몇몇 사단은 여단(약 3,000명)으로 개편 · 축소되고 있는 실정이다. 그렇다고는 하나 사단을 소규모인 여단으로 축소하는 것은 자위대뿐만 아니라 최근 많은 국가에서 볼 수 있는 현상이다.

사단에는 보통 3~4개의 보병연대가 있다. 보병연대의 규모도 국가나 시대에 따라 다르지만 1,000~2,000명 정도이다. 보병연대는 3~4개의 보병대대로 구성되어 있으며, 보병대대는 또 3~4개의 보병중대로 이루어져 있다. 그런데 자위대로 알 수 있듯이 5개 중대 정도로 연대를 이루어 대대라는 조직이 없는 연대도 있다.

사단에는 한 개의 포병연대가 있다. 이 편성도 국가나 시대에 따라 다르지만, 1,000~2,000명의 인원이 60~70문 정도의 야포를 담당한다.

공병대는 '다리 놓기, 도로 수리, 지뢰밭 조성, 진지 구축을 위한 공사, 적의 지뢰 처리, 다리 폭파'와 같은 역할을 담당한다. 그 외의 부대가 어떤 역할을 하는지는 대략 이름으로 알 수 있을 것이다.

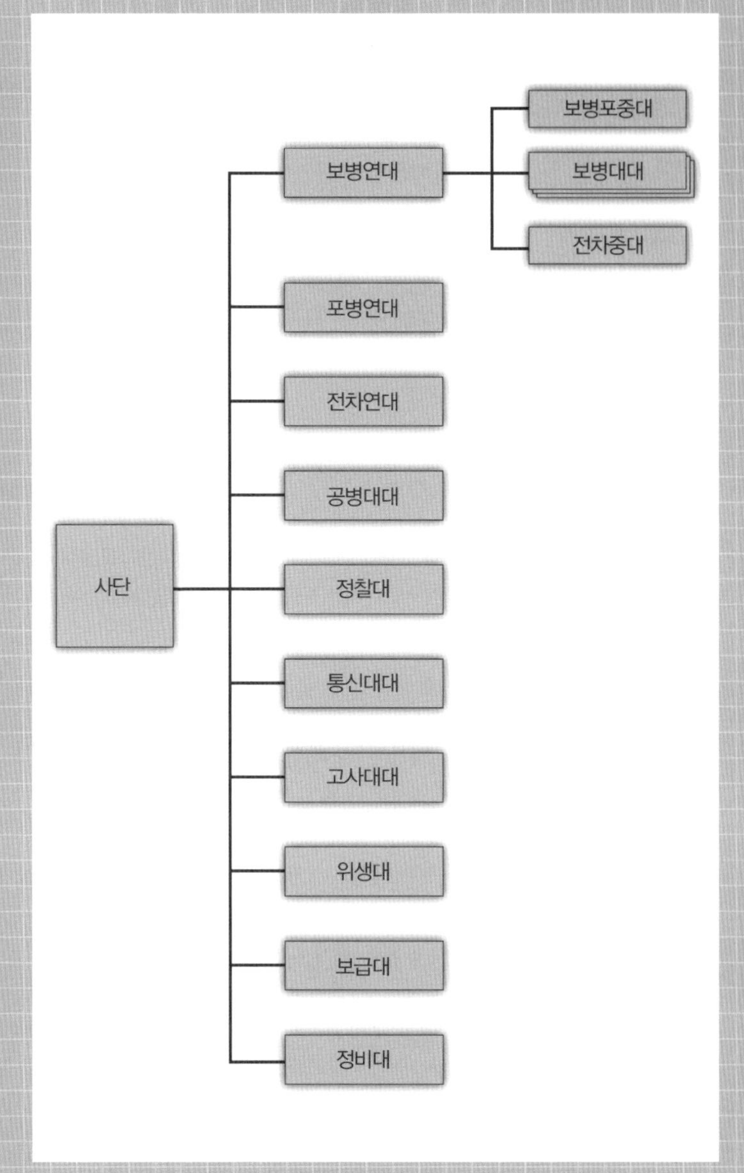

[그림 4-1] 사단 편제는 국가나 시대에 따라 다르지만 대체로 이 그림과 같다. 인원은 1~2만 명 정도 된다.

포병연대

화력전투의 근간

포병연대(artillery regiment)도 국가나 시대에 따라 다르지만 대체로 [그림 4-2]처럼 조직한다. 그리고 자위대에서는 포병을 특과라고 한다.

보병연대가 3개 있으면 직접지원대대도 3개, 보병연대가 4개 있으면 직접지원대대도 4개로, 보병 1개 연대를 포병 1개 대대가 지원한다. 전반지원대대는 직접지원대대보다 큰 포를 가지고 있어서, 직접지원대대의 힘에 부치는 적을 공격하기 위해 정면에 배치한다.

냉전 시대의 장비를 보면 자위대의 직접지원대대는 105mm 포, 소련군의 직접지원대대는 122mm 포를 배치했고, 자위대의 전반지원대대는 155mm 포, 소련군의 전반지원대대는 152mm 포를 배치했다. 그러나 현재 자위대에는 직접지원대대, 전반지원대대라는 구분을 하지 않고 155mm 포만 배치한다.

냉전 시대의 소련군은 포병 1개 중대에 6문의 포가 배치되었으며, 3개 중대에 18문이 배치되어 1개 대대를 편성했다. 당시 자위대는 1개 중대에 4문의 포가 배치되었으며, 4개 중대에 16문이 배치되어 1개 대대를 편성했다.

현재 자위대의 특과 1개 중대는 5문의 포를 담당한다. 3개 중대 15문이 1개 대대이면 5개 대대 75문이 연대가 되어야 하는데, 21세기 들어서 자위대는 예산과 인원 부족으로 부대 편성에 다양한 문제를 안고 있다. 이 때문에 특과 9개 중대밖에 없는 연대, 특과 6개 중대밖에 없는 연대, 그중에는 특과 4개 중대밖에 없는 연대까지 있는 실정이다. 참고로 여단의 특과 부대는 3개 중대이다.

그리고 냉전 시대 소련군의 다연장 로켓 대대는 122mm 로켓탄 40연

발사기를 탑재한 트럭 6량의 중대 3개를 보유하고 있었다. 또 현재 자위대의 사단 · 여단에는 다연장 로켓이 없다.

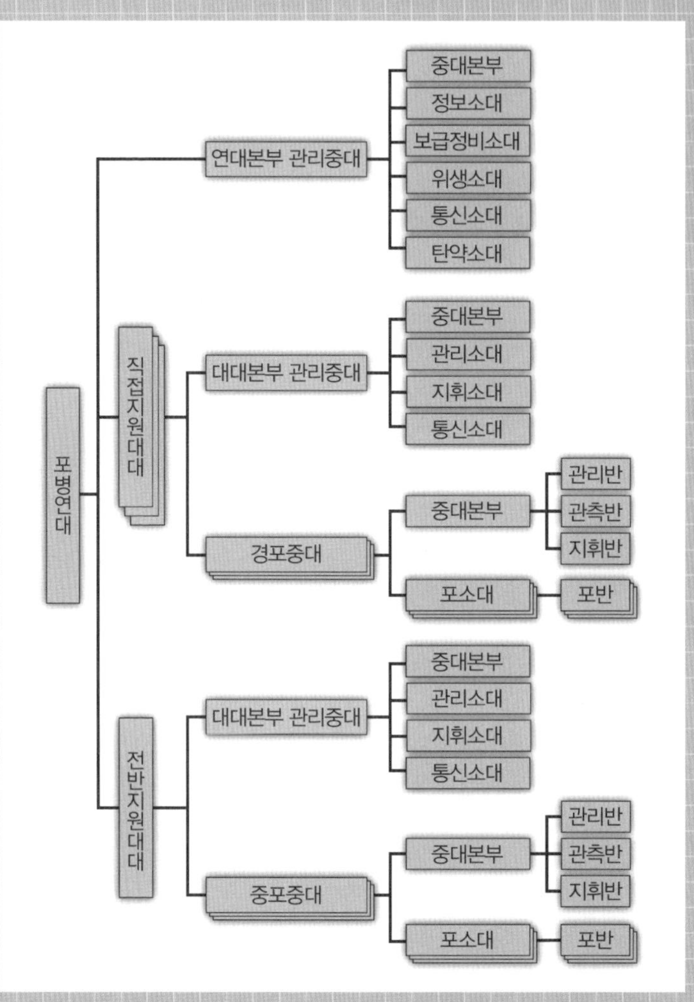

[그림 4-2] 국가나 시대에 따라 다르지만 거의 이와 같은 편제로 되어 있다. 그러나 최근 포병대는 경포(105mm 포 등)를 배치하는 직접지원대대와 중포(155mm 포 등)를 배치하는 전반지원대대 등의 구분을 하지 않고, 모두 155mm급의 포로 통일하는 추세이다.

적의 위치 표시

적 포병 발견. 좌표 330, 445

적을 포격하기 위해서는 적의 위치를 정확히 알아야 한다. 현대 포병은 나폴레옹 시대와 달리 20km 또는 30km 떨어진 산 너머의 보이지 않는 적을 쏴야 한다. 100년 이상 전에는 적을 찾기 위해 기병이 말로 수색했다. 이윽고 비행기가 정찰하게 되면서 지금은 인공위성으로도 지상의 모습을 확인할 수 있게 되었다.

그래서 지상 부대는 풀이나 나뭇가지로 위장하여 최대한 발각되지 않도록 해야 한다. 보통 도료로 위장 도색하면 적외선 카메라로 봤을 때 진짜 나무와 적외선 반사율이 달라서 발각되고 만다. 가격은 고가이지만 식물의 잎과 같은 적외선 반사율을 보이는 특수한 도료로 위장 도색해야 한다(가난한 자위대는 대부분 고가 도료를 사용하지 않는다). 또 식물과 같은 적외선 반사율을 보이는 위장도 보급되어 있다. 겨울에 눈이 내리면 하얀 도료를 칠하거나 하얀 천을 씌운다.

그래도 '적을 발견했다. 적은 지도상 정확히 여기에 있다'고 할 줄 알아야 한다. 지도를 보며 계략을 짤 수 있어야 하는 것이다. 물론 자신의 위치가 지도상 어디에 있는지도 정확히 알고 있어야 한다.

군대에서 사용하는 지도에는 선이 그어져 있고, 각각의 선에 번호가 붙어 있다. 세로 330선과 가로 445선이 교차하는 지점에 적이 있다고 하면, '적 좌표 330, 445'로 표시한다. 그리고 지도상 자신의 위치와, 적의 위치까지의 거리 및 방향, 해발 차이를 판단한다.

[그림 4-3] 산 너머 보이지 않는 적을 쏘는 포병에게는 정확한 측량 기술이 요구된다.

[그림 4-4] 자신들도 발각되지 않도록 위장해야 한다.

탄도 계산

각도, 기온, 기압, 바람은 물론 지구의 자전도 계산한다

발사된 포탄은 인력에 의해 낙하하기 때문에, 수평으로 발사하면 곧바로 지면에 떨어진다. 멀리 쏠수록 포신의 각도를 높여서 쏘아야 하는 이유이다. 공기 저항이 없으면 이론상 45°로 쏘아야 가장 멀리 날아가지만, 실제로는 공기 저항이라는 문제가 있어 작은 포탄의 경우 각도를 더 줄여야 사거리가 멀어진다. 반대로 특수한 장거리 포의 경우 포탄이 성층권까지 올라갔을 때 45°가 되도록 지상에서는 45°보다 조금 큰 각도로 쏘기도 한다.

포를 쏠 때는 기온도 중요하다. 기온이 높으면 화약의 연소 속도가 빨라져 포신에서 발사했을 때 탄의 속도(초속도)가 빨라진다. 또 기온이 높으면 기압은 낮아지지만, 낮은 기압으로 인해 공기 저항이 약해져 포탄의 비거리가 늘어난다. 반대로 기온이 낮으면 화약의 연소 속도가 느려져 초속도도 느려지는데, 공기 저항은 커져서 비거리가 짧아진다. 목표물까지의 거리가 같더라도 여름과 겨울, 해발이 높은 고지대에서 작전할 때와 기압이 높은 저지대에서 작전할 때 포신의 각도가 미묘하게 다르다.

물론 바람도 중요하다. 포격에 앞서 풍선을 날려 상공의 풍향, 풍속을 측정하는데, 포병대에는 이러한 작업을 하는 기상 관측반도 있다. 자전 또한 빼놓을 수 없는 요소이다. 지구는 하루에 한 바퀴 도는데, 어떤 지역이든 하루에 한 바퀴 회전한다는 것은, 적도에 가까운 곳의 회전 속도는 빠르고 먼 곳의 회전 속도는 느리다는 것을 의미한다. 그렇기 때문에 북쪽에서 남쪽을 향해 발사할 때와 남쪽에서 북쪽을 향해 발사할 때 탄착의 좌우 오차가 다르다. 대포로 먼 곳을 향해 발사할 때는 이러한 요소들을 계산해야만 한다.

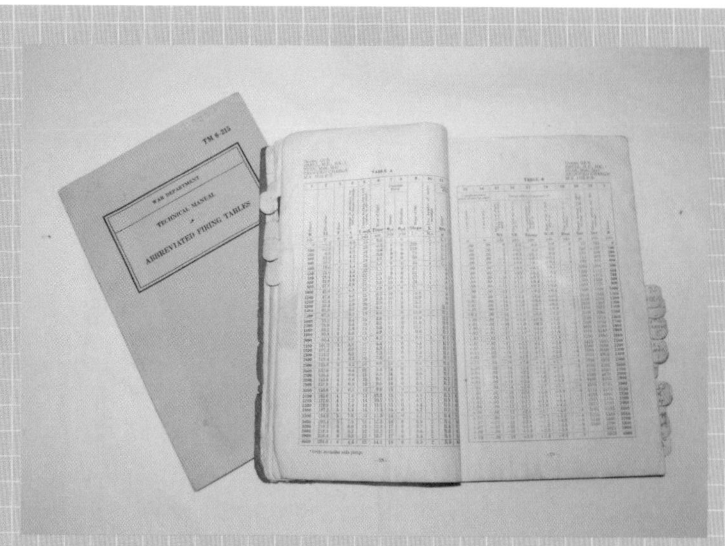

[그림 4-5] 예전에는 『사표(射表)』라는 데이터 북을 보고 탄도를 계산했다. 물론 지금도 이 책을 볼 때가 있다.

[그림 4-6] 지금은 컴퓨터가 탄도를 계산한다.

사진/미 육군

신관 선택

종류가 다양했던 신관은 한 가지의 다목적 신관으로 진화하였다

전차 포탄이나 기관포 포탄은 처음부터 신관이 장착되어 있다. 그러나 보관 · 수송을 해야 하는 야전포 포탄에는 신관이 장착되어 있지 않다. 포탄의 탄두에는 포탄을 쉽게 들어 올릴 수 있는 손잡이 달린 마개가 달려 있는데, 이를 탄두 마개나 양탄 마개라고 한다. 포격을 준비할 때는 이 마개를 제거하고 신관을 장착한다.

적이 이동 중이거나 진지에 없을 때는 유탄을 머리 위에서 폭발시켜 파편을 뿌리는 것이 효과적이기 때문에, 시한신관(예화신관) 또는 VT신관을 사용한다.

적의 진지가 그다지 견고하지 않을 때는 명중 순간 폭발하는 순발신관을 사용한다. 상대가 견고한 진지에 숨어 있을 때는 좀 더 깊이 박혀서 폭발하도록 수백 분의 1초에서 수십 분의 1초 늦게 기폭하는 지연신관(delay fuse)이 사용된다.

하지만 신관의 종류가 다양해서 상황에 따라 구분해서 사용한다는 것은 포탄 수보다 몇 배나 많은 신관이 필요하다는 말이 된다. 포탄보다는 작지만 신관을 수송하거나 보관하는 공간도 무시할 수 없다.

그래서 순발신관과 지연신관을 전환할 수 있는, 두 가지 기능의 신관이 만들어지게 되었고, 최근에는 시한신관, VT신관, 순발신관, 지연신관으로 사용할 수 있는 다목적 신관도 등장하였다.

예전(이라고는 하지만 반세기 정도 이전)의 신관은 신관 세팅기라고 하는 렌치로 조절 나사를 돌려 세팅했다. 그러나 요즘의 다목적 신관은 신관 세팅기로 신관의 머리에 전자 신호를 보내기만 하면 세팅된다.

[그림 4-7] 포탄의 탄두에 장착하는 다양한 신관. 복동신관은 시한식과 착발식 두 개의 기능이 있는 신관이고, 2동 신관은 순발식과 지연식 두 개의 기능이 있는 신관이다. 둘 다 발사 전에 선택한다.

[그림 4-8] 요즘 신관은 신관 세팅기로 신관에 전기 신호를 보내기만 하면 된다.

조준

언덕 너머의 보이지 않는 적을 노린다

수백 년 전의 포병대는 총으로도 쏠 수 있는, 직접 보이는 목표물을 향해 발사했다. 에도 시대 때도 언덕 위에서 적을 보고 손과 깃발을 이용해 신호를 보내면 포격하는 포술이 있었는데, 실제로는 포 성능의 한계로 일반적으로 사용하지는 않았다. 그러나 러일전쟁 때부터 보이지 않는 언덕 너머의 적을 쏘는 것이 일반적이게 되었다.

보이지 않는 적을 겨누기 위해 가상의 목표물인 조준간이라고 하는, 측량에 사용하는 붉은색과 흰색으로 칠해진 봉을 세웠다(최근에는 조준간도 콜리메이터라는 광학 기재를 사용함). 조준간은 포신의 방향에 맞추지 않아도 된다. 포신의 방향과 90° 차이가 나도 되고 뒤쪽을 향해도 상관없다.

예를 들어 포신의 좌측 90°에 조준간을 세운다고 해 보자. 포신을 북쪽에서 15° 방향으로 향하게 하고 싶으면 조준간은 285° 방향에 세운다. 포신의 방향과 정확히 90° 좌측을 향하고 있는 조준기로 285° 방향에 세워진 조준간을 겨눈다면 포신은 15° 방향을 향하는 것이다.

그리고 실제 군대에서는 원둘레를 6,400분할한 밀이라고 하는 각도 단위를 사용한다. 1°는 17.8밀, 1밀은 0.0573°이다.

포신이 정확히 목표물을 향하게(바람이나 기온 등을 고려하여 계산상 포탄을 적에게 명중시킬 수 있는 포신의 방향) 하기 위해서는 측량을 정확히 하여 조준간을 정확한 위치에 세워야 한다.

만약 조준간을 세우는 방향이 1°만 달라져도, 20km 떨어진 곳에서는 350m 정도 차이가 난다. 포병대는 이렇게 정밀한 측량 능력을 갖추지 못하면 역할을 제대로 수행할 수 없다.

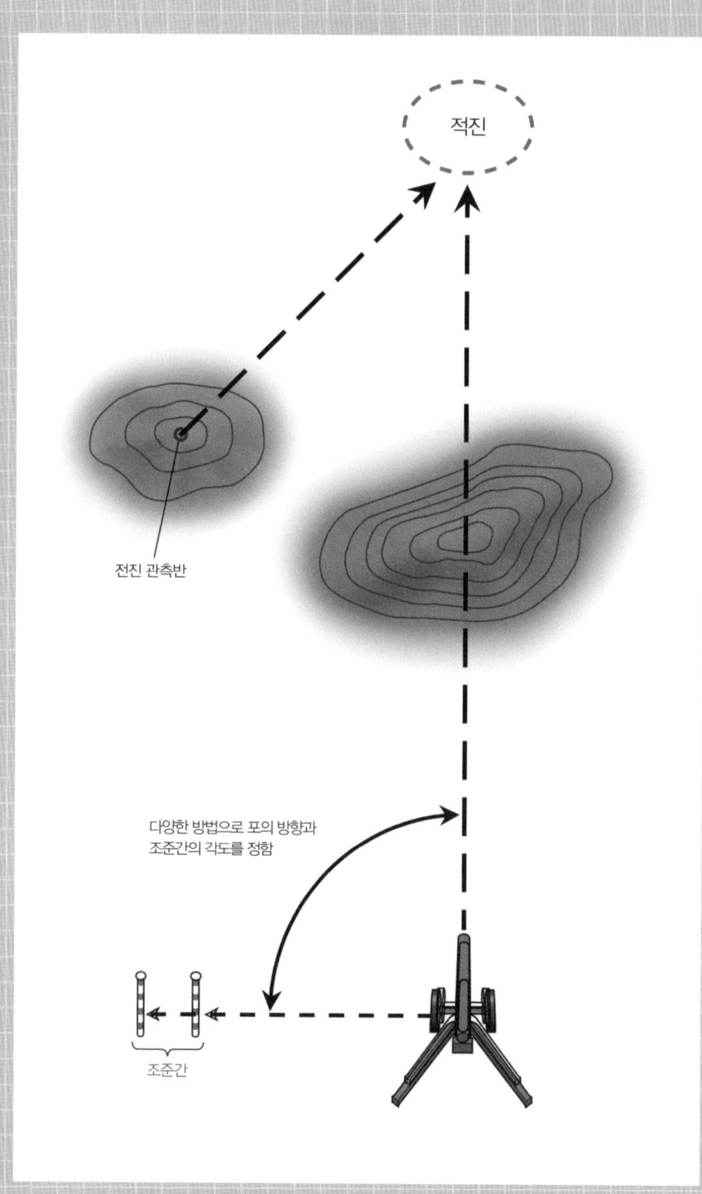

[그림 4-9] 산 너머의 보이지 않는 적을 겨누기 위해 가상의 목표물인 조준간을 포의 조준기로 겨눈다.

전진 관측

첫 탄 탄착, 우측 30, 전방 50

정밀한 측량과 계산으로 포탄을 발사해도 그 포탄이 정말 적에게 명중되었는지는 실제로 보지 않으면 안심할 수가 없다. 어찌 되었든 10km 또는 20km 떨어진 곳에 발사하기 때문이다. 어쩌면 포탄이 적의 위치로부터 수백 m나 차이 나는 지점에 떨어질지도 모른다.

그러나 누군가가 포탄이 떨어진 상황을 보고 '100m 앞에 떨어졌다', '왼쪽으로 50m 벗어났다'고 알려 줄 수 있으면 위치를 수정해서 쏠 수 있다. 그래서 전진 관측반이라는 것을 조직하여, 적을 볼 수 있는 위치에 관측점을 마련한다. 대체로 적을 내려다볼 수 있는 언덕 위가 된다.

그런데 적도 '자신들을 내려다볼 수 있는 언덕 위에 관측점을 마련했다면 낭패'라는 것쯤은 알 수 있기 때문에, 최대한 원하는 장소에 빨리 보병을 보내 점령하게 하여 적이 관측점을 선점하지 못하도록 한다. 그래서 전쟁 영화에 자주 등장하는 '저 언덕을 차지하라'는 치열한 언덕 쟁탈전이 벌어지는 것이다.

언덕을 점령할 수 없거나 애당초 대평원이어서 언덕이 없는 경우에는 평지에 관측점을 마련하기도 하며, 전차를 이동식 관측점으로 사용하기도 한다. 또 경비행기나 헬리콥터를 날려 하늘에서 착탄을 관측하는 경우도 있는데, 아군의 포탄에 맞지 않도록 포탄의 비상 코스를 피하면서 탄착을 관측해야 한다. 당연히 적은 이 관측기를 격추하려고 하기 때문에, 최근에는 무인 관측 헬리콥터도 등장하고 있다. 또 유인 헬리콥터도 항상 적에게 모습을 드러내 비행하는 것은 아니다([그림 4-10] 참조). 목장 울타리에 헬리콥터가 걸리는 사고가 발생할 정도로 초저공비행을 한다.

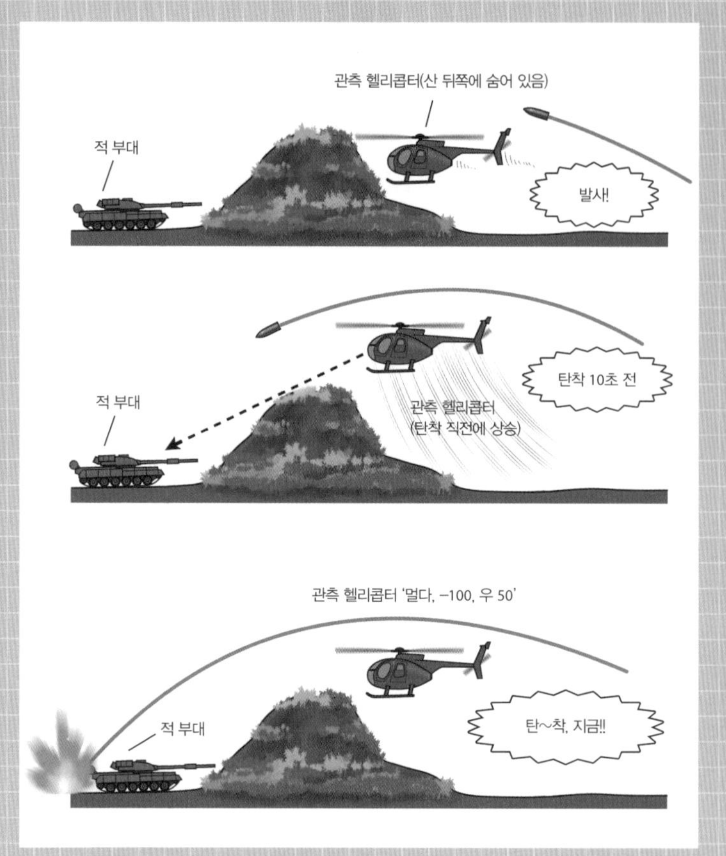

[그림 4-10] 탄착 관측 헬리콥터의 비행 이미지

필요할 때 이외에는 숨어서 최대한 적에게 격추당하지 않도록 한다.

역탐지와 반격

보이지 않는 적 포병의 위치를 찾아내 반격한다

적의 포격을 받았다. 10km나 20km 떨어진 산속에서 공격하여 당연히 모습은 보이지 않는다. 그래서 제1차 세계대전 때부터 떨어진 위치의 두 곳에 마이크로폰을 설치해 발사음을 포착함으로써 그 시간차를 이용해 발사 지점을 밝혀내는 음원 거리 측정이나, 발포 빛을 관측할 수 있는 경우 두 곳에서 그 광원의 각도를 측정해 교차점을 구하는 섬광 거리 측정을 실시하게 되었다. 음원 거리 측정은 공기로 전해지는 소리를 이용하는 방법과 마이크로폰을 땅속에 묻어 땅속으로 전해지는 소리를 이용하는 방법이 있다.

그러나 음원 거리 측정은 대평원에 적의 대포가 1문밖에 없다는 이상적인 조건일 경우에는 정확도가 꽤 높지만, 지형이 복잡하거나 여러 포를 거의 동시에 발사하는 상황이라면 정확도가 현저히 저하된다. 실제로 독일군이 파리포를 발사할 때는 다른 중포를 동시에 발사해 음원 거리가 측정되는 것을 방지했다.

제2차 세계대전 후에는 대포(対砲) 레이더가 등장했다. 포탄이 날아오는 것을 레이더로 탐지해 그 비상 코스를 컴퓨터로 계산하여 발사 위치를 밝혀내는 것이다. 레이더이기 때문에 전파를 내보낸다. 그러면 적에게 대포 레이더 위치가 탐지될 것 같지만, [그림 4-12]처럼 꽤 위쪽을 향한 각도로 두 장의 스크린을 펼치듯이 전파를 내보내기 때문에 그렇게 쉽게 탐지되지는 않는다.

적의 포병 위치를 탐지하면 바로 반격한다. 컴퓨터가 탄도를 계산해 주는 시대이기 때문에 포를 발사할 준비가 되었다면 적의 위치를 알아낸 후 1분이 지나기 전에 반격한다.

[그림 4-11] 자위대가 장착한 대포 레이더 JTPS-P16

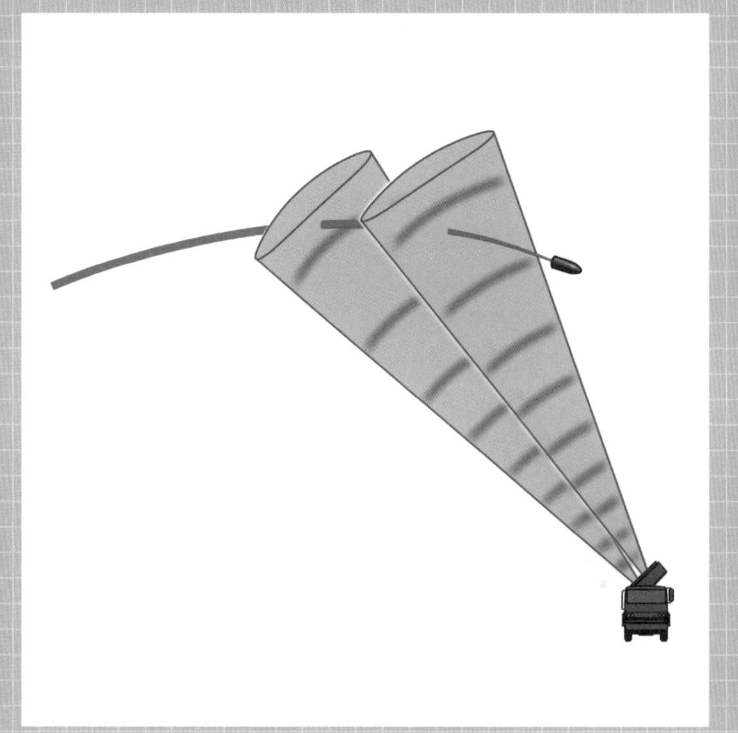

[그림 4-12] 적이 발사한 포탄이 두 장의 전파 스크린 사이를 통과하는 위치와 시간으로부터 발사 지점을 역산한다.

효력사와 진지변환

여러 발 쏜 후 이동하지 않으면 반격당한다

포병대 대포 중 1문을 적을 향해 시험 발사한다. 그 탄착을 보고 전진 관측반이 '멀다, -200, 우측 100'이라고 연락하면, 이에 따라 포신의 방향을 미세하게 조절한다. 그리고 다시 한 발을 쏜다. 그 탄착을 보고 또 전진 관측반이 수정 연락하면 수정 발사한다. 이렇게 탄착을 보고 포격 위치가 맞으면 효력사(効力射)라고 해서 그 포병대 사격에 참여할 예정인 모든 포가 시험 발사한 포(기준포)의 데이터에 맞춰 집중적으로 발사한다.

그런데 시험 발사에 시간을 들여도 괜찮은 걸까?

155mm 포탄을 초속도 412m/초로 발사하여 10km 떨어져 있는 목표물을 쏜다고 하면, 발사부터 탄착까지 41초가 걸린다. 수정하는 데 머뭇거리면 유능한 적의 경우 효력사에 조준당하기 전에 아군의 발사 위치를 역탐지해서 선제공격한다.

그러나 경험이 풍부한 포병대라면 시험 발사 한 발의 탄착 오차를 보기만 해도 바로 감을 잡고 효력사에 돌입한다. 그뿐만 아니라 자신이 있으면 시험 발사하지 않고 효력사를 발사하기도 한다.

애당초 포격이라는 것은 목표물이 특정 면적을 차지하는 적진이라서, 그 면적에 몇 발의 탄을 쏘면 적에게 큰 타격을 입힐 수 있다는 계산하에서 발사하는 것이다. 따라서 예상되는 오차를 커버할 수 있는 면적에 쏠 수 있는 만큼의 포탄이 있으면 시험 발사를 하지 않기도 한다.

그리고 포병연대에 75문의 포가 있고, 1문으로 1분 동안 6발 쏠 수 있다고 한다면 총 450발이 된다. 1분에 450발의 포탄을 쏜 다음 재빨리 이동한다. 우물쭈물하다가는 역탐지 · 반격당할 가능성이 있기 때문이다.

한편 걸프 전쟁 때 미군은 이라크군의 반격이 두려워 발사하면 바로 이동했었다. 이라크군이 대포(対砲) 레이더 등 역탐지 장비를 배치했기 때문이다. 그러나 이라크군에게 그 능력은 없었는지 실제로 반격한 적은 없었다.

[그림 4-13] "탄착 10초 전…… 탄착…… 지금!"

사진/미 육군

포격 효과와 방호

155mm 포탄에는 두께 2m 이상의 덮개가 필요하다

이동 중인 보병부대 등 방호하지 않은 적을 포격할 경우, 포탄을 적의 머리 위에서 폭발시켜 파편을 뿌리는 것이 가장 효과적이다. 105mm 포탄은 15m, 155mm 포탄은 20m 정도의 높이에서 폭발하는 것이 이상적이다.

포탄(유탄)은 수천 개의 파편이 되어 비산한다. 파편의 크기는 10g 전후가 효과적이지만, 살상 효과가 없는 미세한 파편이 되는 경우도 많다. 효과가 있는 파편이 되는 것은 포탄 무게의 반도 되지 않는다.

포탄 탄착은 가로 방향보다 세로 방향의 긴 타원형으로 확산하며 파편을 흩뿌리는데, 포탄 한 발이 작열했을 때 파편은 세로 방향보다 가로 방향으로 확산할 때 더 커진다.

서 있는 병사 50%가 사상되는 범위는 105mm 포탄의 경우 폭 30m, 깊이 20m, 155mm 포탄의 경우 폭 45m, 깊이 30m 정도이다. 이에 반해 큰 파편은 105mm 포탄이 170m 정도, 155mm 포탄이 350m 정도까지 날아간다. 운이 나쁜 사람은 그만큼 떨어져 있어도 사상될 가능성이 있다.

진지에 숨어 있는 부대는 포격에 의한 피해를 피하고자 해자를 팔 뿐만 아니라 시간과 재료가 있으면 덮개라고 하여 흙을 쌓아 올린 지붕을 마련한다. 이러한 적에는 단연기 신관이라고 하는, 명중 후 수백 분의 1초 정도 늦게 폭발하는 신관을 사용하는 것이 효과적이다. 이 경우 105mm 포탄에 견디기 위해서는 지름 20cm의 통나무를 한 줄로 세운 지붕 위에 자갈이나 작은 돌멩이를 포함한 두께 1.5m 정도의 덮개가, 155mm 포탄에 견디기 위해서는 지름 25cm 통나무를 한 줄로 세운 지붕 위에 자갈이나 작은 돌멩이를 포함한 두께 2m 정도의 덮개가 필요하다.

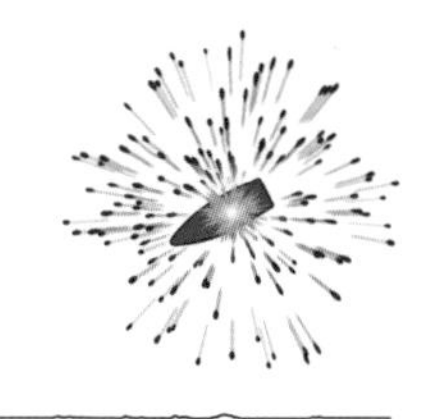

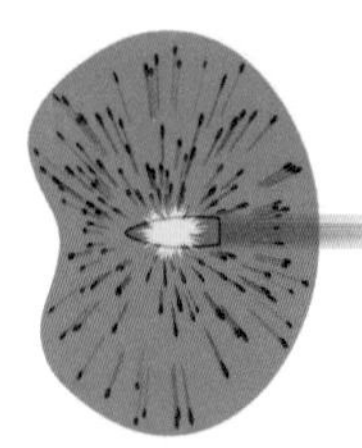

[그림 4-14] 비산하는 파편의 특징

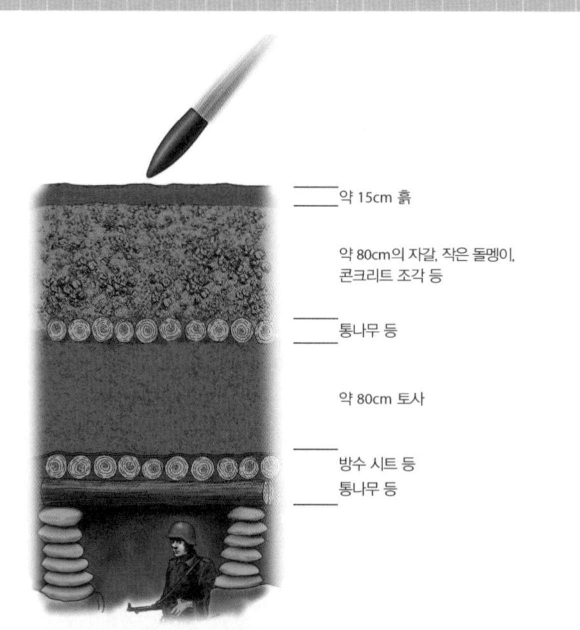

[그림 4-15] 155mm 포탄에 견디는 덮개 사례

야포탄의 관통력은?

현대 야포탄은 일정 거리 이상의 먼 곳을 쏘고 포탄은 포물선을 그리며 위에서 떨어지는데, 수천 m 떨어진 거리에서 콘크리트 벽을 포격하면 어느 정도의 관통력이 있는지 대표적인 사례(조금 구형 화포)를 정리해 보았다.

〈표 4-1〉 다양한 포의 관통력(사거리별)

사거리	1,000m	3,000m	4,000m
105mm 유탄포 M2	65cm	50cm	45cm
155mm 유탄포 M1	120cm	100cm	80cm
155mm 캐넌포 M2	200cm	170cm	140cm
203mm 유탄포 M2	170cm	140cm	120cm

155mm 캐넌포 M2는 1,000m 거리에서 200cm 두께의 콘크리트 벽을 관통한다.

[그림 4-16] 제2차 세계대전 모델인 203mm 유탄포 M2. 지금은 사용하지 않는다.

지뢰와 폭약

공병대는 지뢰밭을 설치하거나 다리나 도로를 폭파한다.
이 장에서는 '지뢰란 무엇인가'라는 기본에서부터 지뢰의 설치 방법,
탐지 · 처리 방법, 다양한 공병용 폭약에 대해 살펴보자.

▲ 공병이 지향성 폭약을 세팅하고 있다.

사진/미 육군

공병대

전진할 때는 선두에서, 후퇴할 때는 마지막으로

공병대라는 부대가 있다.

자위대에서는 시설과 부대라고 한다. 예전 일본 육군에는 사단의 편제 안에 공병연대가 있었고, 자위대에는 사단에 시설대대가 있었다.

공병대는 적이 지뢰를 매설하면 그것을 처리하고, 적이 다리나 도로를 파괴하여 아군 부대의 전진을 방해하면 다리를 놓고 도로를 만들어 아군이 전진할 수 있도록 한다.

후퇴할 때는 제일 뒤쪽에서 적의 추격을 늦추기 위해 지뢰를 매설하거나 다리를 폭파한다. 또 대규모 진지를 만드는 것도 공병이 하는 일이다.

이러한 작업 기술을 갖춘 부대라는 의미에서 영어로는 engineer(엔지니어)라고 하며, 전군의 선두에 서서 길을 개척한다는 의미에서 독일어로는 Pionier, 즉 파이오니어라고 부른다.

막 전신이 발명되었을 즈음 공병대는 통신 임무를 담당했다(현재는 공병대에서 통신대가 독립하였다). 항공대도 처음에는 공병대 안에 설치되었다. 이처럼 군대를 근대화하여 길을 개척한다는 의미에서도 공병대는 엔지니어이자 파이오니어였다.

그런데 일본에서는 불도저 같은 토목 기계를 취급하는 이미지 때문인지, 대원들 사이에서는 공사판의 막일꾼(노가다) 등으로 불리며 그다지 영웅 대접을 받지 못한다. 하지만 실전에서는 보병보다 위험한 상황에 몸을 내던져 승리를 위한 길을 개척하는 것이 공병이다. 또 재해가 발생하면 누구보다 활발히 활동하는 등 국민이 감사해야 할 부대이다.

[그림 5-1] 공병은 군가 〈일본 육군〉에서 '길 없는 길에 길을 만들고, 적의 철도는 파괴하자'라고 불렀다.
사진/미 육군

[그림 5-2] '비와 함께 쏟아지는 탄환을 온몸으로 맞으며 다리를 놓네, 우리 군을 건너게 하는 공병의 공로에 무슨 말이 필요할까'라는 공병에 대한 노래가 있는데, 다른 부대는 공사판의 막일꾼(노가다)이라고 부른다.

지뢰

지뢰를 매설하는 것도, 처리하는 것도 공병대

지뢰는 공병이 소장(관리)한다. 지뢰를 매설하고 적의 지뢰를 제거하는 것도 공병대의 임무이다. 물론 보병이 지뢰를 취급하는 경우도 있지만, 지뢰밭을 설치하거나 적의 지뢰밭을 처리하는 대대적인 지뢰 작업은 공병대의 역할이다. 지뢰는 영어로 mine(마인)이라고 하는데, 원래는 광산이라는 의미이다. 예전에 성을 공격할 때 지상 공격에서는 도저히 함락할 수 없을 것 같은 성은 광산을 파듯이 터널을 만들어 공격했는데, 이 터널을 마인이라고 불렀다. 그러다 화약이 발명되자 성벽 아래에 대량의 화약을 파묻어 폭발시켰다.

이때부터 터널을 파지 않아도 지면에 폭약을 파묻고 폭발하는 것을 마인이라고 하게 되었으며, 밟으면 폭발하는 지뢰도 마인, 더 나아가 바다에서 사용하는 기뢰도 마인이라고 하게 되었다.

미국의 남북전쟁 때 밟으면 폭발하는 지뢰가 등장하였는데, 본격적으로 사용하게 된 것은 제1차 세계대전 때부터이다. 현재 대인지뢰 금지조약이 있는데, 이 조약에서는 지뢰를 다음과 같이 정의하고 있다.

'지뢰란 토지나 다른 사물의 표면 또는 토지나 다른 사물의 표면 아래쪽과 주변에 부설되어 사람이나 차량의 접근 · 접촉에 의해 폭발하도록 설계된 탄약류를 말한다.'

적이 오는 것을 보고 사람이 판단하여 점화해서 폭발시키는 것을 남북전쟁 이전에는 지뢰라고 하였는데, 현대에 와서는 지뢰로 간주하지 않는다.

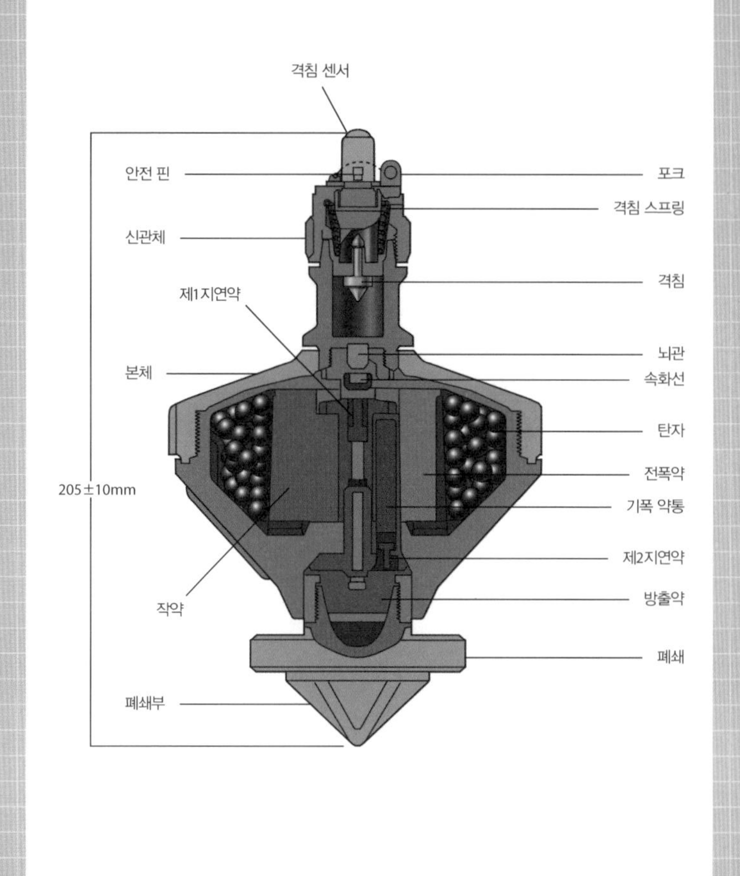

[그림 5-3] 63식 대인지뢰

과거에 자위대가 보유했던 높이 19.5~21.5cm, 지름 13cm, 무게 1.4kg의 대인지뢰. 격침이나 격침 스프링 이외 대부분의 부품이 플라스틱으로 되어 있다. 지뢰 윗부분의 격침 센서(압력판)를 밟거나 포크에 연결된 선에 발등이 걸리면 바닥의 방출약에 의해 본체가 0.2~1m 높이로 튀어 올라 폭발한다. 138g의 TNT 폭약이 250개의 쇠구슬을 튀겨 반경 4m 이내에 있는 사람을 거의 100% 살상하지만 당연히 쇠구슬은 더 멀리 비산하기 때문에 그 이상 떨어져 있어도 위험하다. 이 63식 대인지뢰는 대인지뢰 금지조약에 의해 폐기되었으며, 일본은 지금 보유하고 있지 않지만 그 외 국가들은 비슷한 지뢰를 보유하고 있다.

지뢰밭 설치

지뢰는 측량하여 계획적으로 부설한다

아프가니스탄과 같은 분쟁 지역이나 캄보디아 같은 구 분쟁 지역에서는 무질서하게 부설된 지뢰가 수많은 일반 시민을 사상케 하였다. 이로 인해 '대인지뢰 금지조약'이 체결되었고, 일본도 이 조약에 비준함으로써 많은 대인지뢰를 폐기 처분하였다.

그러나 미국과 러시아, 중국은 이 조약에 비준하지 않은 데다 분쟁 당사국이 계속 지뢰를 사용하고 있어, '조약 체결국만 일방적으로 손해 보고 있다'는 비판도 나온다.

애당초 지뢰라는 것은 정확히 측량하여 다음에 쉽게 처리할 수 있도록 계획적으로 부설하는 것이다. 설령 그 지뢰밭을 부설한 부대가 전멸한다고 하더라도 다음에 제대로 지뢰를 제거할 수 있도록 지뢰밭 지도를 제작한다. 또 측량의 기점이 되는 표식인 쇠말뚝이 포폭격을 받더라도 보존되도록 지면 깊이 파묻으며, 지뢰밭의 지도 사본을 후방 사령부로 보낸다.

글을 읽지 못하고 측량 등을 제대로 실시하지 못하는 군대가 있는 국가에서 주로 지뢰에 의한 일반 시민 사상자가 나온다.

지뢰는 밤에 불을 켜지 않아도 정확한 위치에 매설할 수 있도록 정확한 측량을 바탕으로 매설한다. 지면에 묻힌 기준이 되는 말뚝을 기점으로 지뢰를 부설하는 패턴이 되는 끈을 펼쳐서 매설한다. 패턴화되어 있으면 적에게 지뢰 위치가 발각될 수 있지만, 그 줄이 적의 손에 들어갔다 하더라도 어디를 기점으로 줄을 늘이는지 모르면 지뢰의 위치를 알 수 없다.

[그림 5-4] 자위대의 83식 지뢰 부설 장치. 트럭으로 끌며 구덩이를 파서 지뢰를 매설한다.

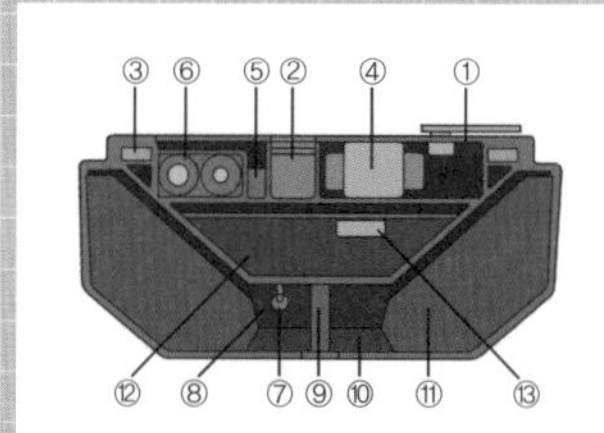

[그림 5-5] 진동/자기 복합 감응 지뢰(SB-MV 대전차지뢰)

이탈리아의 최신 지뢰. 작약이 목표물 방향에만 작동하도록 청소약을 조합한 2중 히트형으로 되어 있다.

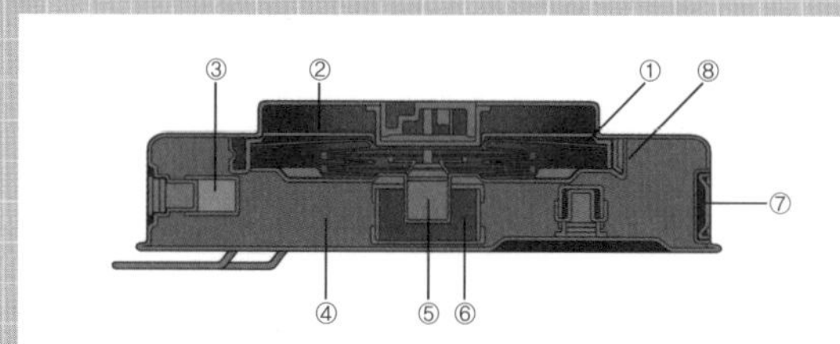

[그림 5-6] M-15 대전차지뢰

전차의 궤도를 절단하여 전차를 파괴하는, 미군의 가장 일반적인 지뢰이다.

지뢰 탐지

금속 탐지기, 지뢰 탐지견, 지중 탐사 레이더까지

지뢰 탐지에 가장 널리 이용되는 것이 금속 탐지기이다. 센서 부분에 전기가 통하는 두 개의 코일이 내장되어 있어서 금속을 가까이 가져가면 자계가 흐트러진다. 이 자계가 흐트러지면 경보음을 울리며 사용자에게 알린다.

그런데 지뢰도 쉽게 탐지되지 않도록 최대한 금속을 사용하지 않고 제작한다. 스프링 등 극히 소수의 부품에만 금속을 사용하는데, 금속 부품의 무게가 1g 정도밖에 되지 않는 지뢰도 있다. 이 지뢰를 탐지하기 위해 탐지기의 감도를 높이면 지뢰 이외의 어떠한 작은 금속 조각에도 반응한다. 사철을 다량 함유한 토양에서 지뢰를 탐지하는 데 두 손 다 들었다는 사례가 있을 정도이다.

지뢰 탐지견도 있다. '완전히 밀봉되어 물과 공기 모두 스며들지 않는 용기 속 폭약의 냄새를 어떻게 맡을 수 있을까?'라고도 생각하는데, 상당히 뛰어나서 예전 일본군에서도 지뢰 탐지견이 활약한 바 있다. 하지만 동물이라서 훈련시키는 데 시간이 걸리는 데다 대량으로 육성하는 것도 불가능하다. 또 나이를 먹으면 은퇴해야 하니 공급이 수요를 따라가지 못한다. 전장의 스트레스를 견디지 못하는 탐지견도 있고, 피로가 쌓이거나 병에 걸리는 탐지견도 있다.

최근에는 지중 탐사 레이더에 의한 지뢰 탐지기가 등장하였는데, 자위대도 보유하고 있다. '땅속에 있는 것이 레이더에 잡히나?'라고 생각하는데, 주파수를 조절하면 어느 정도 땅속 모습을 알 수 있다. 하지만 소형 지뢰를 탐지할 때는 주파수가 3GHz 정도로, 주파수가 높을수록 작은 것도 탐지할 수 있는 반면 탐지할 수 있는 깊이는 얕아진다. 하지만 지뢰는 그렇게 깊은 곳에는 없다.

애당초 사람이 지뢰 탐지 봉을 사용하여 지면을 조금씩 찌르며 찾는 것이 제일 정확하지만, 가장 위험한 방법이기도 하다.

[그림 5-7] 지뢰 탐지견은 우수하지만, 훈련하는 데 시간이 걸리고 그 수도 한정적이다.

사진/미 육군

[그림 5-8] 사람이 탐지하는 것보다는 100% 안전하지만, 지뢰 탐지기의 능력에는 한계가 있다.

사진/미 육군

지뢰 처리 ①

지금도 사용되는 폭약통

적이 방비를 견고히 한 진지 앞은 대체로 지뢰밭으로 되어 있다. 그래서 적진을 공격하기 전에 이 지뢰를 제거해야 한다. 지뢰를 제거하는 가장 확실한 방법은 원시적인 방법인 손으로 파내는 것이다.

제2차 세계대전에서도 적진을 공격하는 전날 밤, 공병대가 어두운 밤을 틈타 적진 앞의 지뢰를 파냈다. 현재 자위대도 그러한 훈련을 하고 있다. 하지만 발각되면 적은 조명탄을 쏘아 올려 공격해 올 것이고, 지금은 밤에도 겨눌 수 있는 암시 조준기까지 있다.

그래서 지뢰밭은 폭파 처리한다. 원시적인 방법은 폭약통과 가방형 폭약을 사용하는 것이다. 폭약통은 수도관 같은 파이프에 폭약을 묻는 것이다. 나라마다 규격은 조금씩 다르지만 지름 8cm, 길이 1.5m 정도의 파이프로, 여기에 계속 연장하여 사용할 수 있다. 영어로는 bangalore torpedo라고 하며, 자위대에서는 속어로 방갈로라고 부른다.

이 폭약통을 지뢰밭까지 연장해서 폭발시킨다. 그런데 지뢰에 사용되는 폭약에만 국한되어 있지 않으며, 군용 폭약(전문적으로는 작약이라고 함)은 대부분 가까운 거리에서 폭탄이 폭발하지 않으면 유폭하지 않는다. 즉, 폭약통의 폭발은 기껏해야 폭 1m 정도로, 사람이 걸을 수 있는 보폭 정도 범위의 지뢰만 폭파시킬 수 있다.

그래서 폭약통이 폭발하면 사람이 가방형 폭약을 들고 가 이 좁은 통로에 설치하여 폭발시킨다. 그러면 간신히 전차나 장갑차가 통과할 수 있는 수 m 폭의 통로가 생긴다. 당연히 적이 공격해 오기 때문에 수호 사격을 하거나 연막을 치기도 하는데, 꽤 결사적인 작업이다.

[그림 5-9] 지뢰를 수작업으로 파낸다. 확실한 방법이지만 매우 위험하다. 사진은 자위대가 과거에 보유했던 63식 대인지뢰의 훈련용 모의 지뢰이다.

[그림 5-10] 덫을 손으로 더듬어 찾을 때는 손등이 앞을 보게 해야 한다. 손바닥이 앞을 향하고 있으면 덫에 닿아 놀라서 손을 거둬들일 때 덫을 당길 위험이 있기 때문이다.

[그림 5-11] 폭약통으로 좁은 통로를 만들면 그다음 사람이 가방형 폭약으로 통로를 넓힌다.

지뢰 처리 ②

지뢰 처리 로켓, 롤러, 가래

5-5에서 설명한 폭약통과 가방형 폭약을 이용한 지뢰 제거는 지금도 훈련하고 있지만 이는 최후의 수단으로, 보통은 더욱 근대적인 기재를 사용한다. 예를 들면 폭약이 들어 있는 두꺼운 로프를 로켓탄이 당겨 비행하는 지뢰 처리 로켓이다. 폭약이 들어 있는 로프뿐만 아니라 가방형 폭약도 더 큰 로켓탄에 장착해 비행하는 유형도 있다.

또 제2차 세계대전 당시 연합군은 독일군이 설치한 지뢰밭을 포격으로 처리한 적이 있다. 효과는 확실하나 물량이 많을 때 사용하는 전법이다. 포격으로 지뢰밭을 처리할 때는 105mm 포탄의 경우 $1m^2$당 한 발 정도 필요하다.

이 외에 전차에 가래를 장착해 지뢰를 파내면서 전진하는 방법, 지뢰가 폭발해도 파괴되지 않을 정도로 튼튼한 롤러를 전차 앞에 장착해 강제로 지뢰를 밟고 폭발시키면서 전진하는 방법도 있다.

제2차 세계대전 때는 많은 체인을 감은 롤러 모양의 원기둥을 전차 앞에 장착하여 전진시키면, 이 체인이 지면을 두드리며 지뢰를 폭발시키는 방법도 있었다. 하지만 체인을 사용할 수 없게 되어서 그런지, 최근 이 방식을 사용하는 모습은 좀처럼 찾아볼 수 없다.

연료 기화 폭탄을 사용하는 방법도 있다. 연료 기화 폭탄을 사용하면 넓은 면적의 지뢰밭을 한 번에 처리할 수 있는데, 안타깝게도 일본에서는 이 연구가 뒤처져 있다.

그리고 지뢰밭 위에 두께 1.5~2m쯤 되는 흙을 쌓는 방법도 있는데, 적 앞에서 하기에는 너무나 태평한 방법이다.

[그림 5-12] 92식 지뢰밭 처리 차량. 지뢰 처리 로켓 두 발이 탑재되어 있다.

[그림 5-13] 로켓이 두꺼운 폭약 코드를 당겨 비행하며 길이 수백 m, 폭 5m의 길을 만든다.

사진/육상자위대

[그림 5-14] M1 에이브럼스 전차의 차체를 이용한 지뢰 처리 차량. 무게가 72톤이나 되며 폭 4.5m의 거대한 가래로 지뢰를 파낸다. 지뢰 처리 로켓탄도 탑재되어 있다. 사진/미 육군

공병용 폭파약

다이너마이트, TNT, 테트릴, 질산암모늄

공병대는 다리나 도로 파괴, 적이 설치한 장애물 제거 등 다양한 폭파 작업을 하는 경우가 많으며, 이 때문에 다양한 화약류를 취급한다. 일반적인 토목 작업과 비슷한 작업을 할 때는 다이너마이트 등 민간 토목 공사에 사용되는 폭약을 이용하기도 한다.

그러나 군대에서는 보통 폭파용으로 다이너마이트보다 TNT 등을 선호한다. 그 이유는 TNT가 다이너마이트보다 충격이나 화염에 강하고, 전쟁이 아닌 이상 상상할 수 없을 정도의 환경에서 취급해도 쉽게 사고가 발생하지 않으며, 폭염이나 극한의 환경에서 장기 보존해도 쉽게 변질되지 않기 때문이다.

그래서 다이너마이트 정도 사이즈의 TNT 폭파약을 보유한다. 미군 공병대의 폭파약에는 1파운드(약 450g)의 사각기둥형 제품이나 2분의 1파운드의 원기둥형 제품이 있다.

TNT보다 조금 더 강력하고 민감한 폭약이 테트릴이다. 테트릴을 편리하게 폭파 작업에 사용할 수 있도록 1.1kg의 가방형으로 만든 제품이 있다. 이 제품 8개를 도폭선으로 연결하여 휴대형 가방에 넣은 것이 M1형 연쇄 폭약이다. 그리고 도폭선으로 연결하지 않고 뇌관 장착 구멍이 있는 개별 제품을 8개의 휴대형 가방에 넣은 것이 M2형 폭파약이다.

대형 폭파약으로는 40파운드(약 18kg)의 질산암모늄(초안)을 원통형 금속 용기에 넣은 도로 폭파약이라는 것도 있다. 질산암모늄을 사용한 폭약은 TNT와 같은 양을 사용했을 때의 위력은 약하지만, 가격이 저렴해서 대량으로 사용하기에 적합하고 매우 둔감해서 굉장히 거칠게 취급해도 안전*하다.

* 뇌관 한 개로는 기폭하지 않을 정도로 둔감해서 중심 부분에 기폭약이 내장되어 있다.

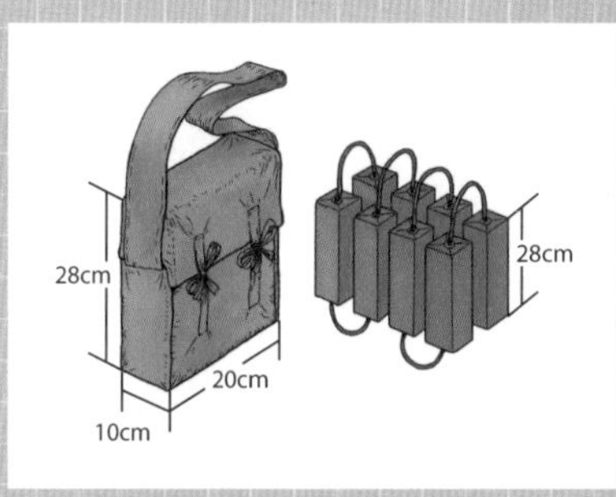

[그림 5-15] M1형 연쇄 폭약(8.8kg)

길이 28cm, 5cm 사각기둥, 무게 1.1kg의 테트릴 8개가 도폭선으로 연결되어 휴대형 가방에 들어간다.

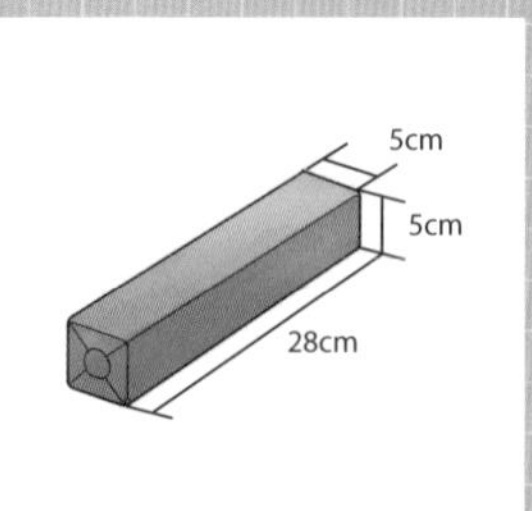

[그림 5-16] C-4 폭약(1kg짜리)

길이 28cm, 5cm 사각기둥, M1형 연쇄 폭약과 마찬가지로 8개들이 휴대형 가방에 들어간다.

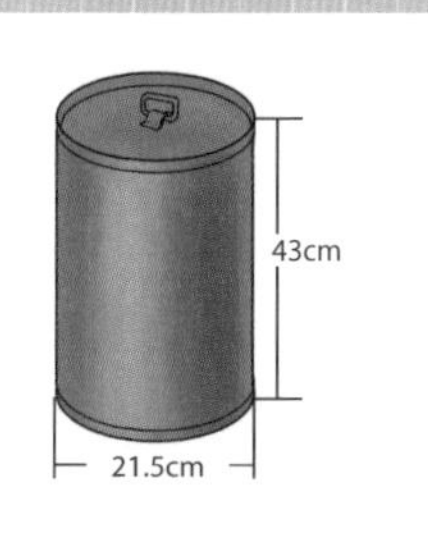

[그림 5-17] 40파운드(18kg) 도로 폭파약

[그림 5-18] TNT 파운드 방형 폭약

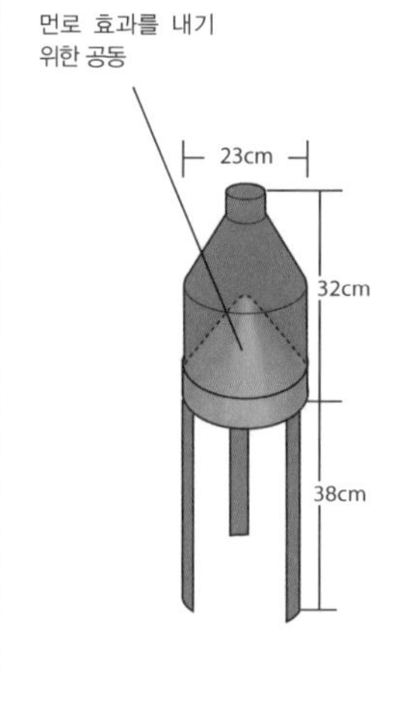

[그림 5-19] M3형 40파운드 지향성 폭약

이 40파운드는 전체 무게로, 폭약은 30파운드이다. 철근 콘크리트에 깊이 150cm, 지름 약 6~13cm의 구멍을 낼 수 있다.

가소성 폭약

C4 폭약이란?

가소성 폭약은 가소성이 있는, 즉 점토처럼 자유롭게 형태를 바꿀 수 있는 폭약을 말한다. 가소성이 있어서 플라스틱 폭약이라고도 한다. 파괴하고 싶은 사물의 모양 또는 어떻게 파괴하고 싶은지에 따라 양이나 형태를 자유롭게 조절할 수 있어서 공병대나 특수부대 작전에서 자주 이용된다. 예를 들어 단순히 날려 버리는 것이 아니라 '주위에 큰 피해가 가지 않도록 적은 양의 폭약으로 벽에 둥근 구멍을 내고 싶다', '철골을 절단하고 싶다'와 같은 방식이다.

대표적인 것이 미군의 C4 폭약일 것이다.

가소성이라고 하면 다이너마이트도 가소성이지만, 예전의 규조토 다이너마이트는 기온이 높으면 니트로글리세린이 배어 나오고, 기온이 낮으면 동결하여 민감해져서 취급하기 어려웠다. 니트로셀룰로오스를 니트로글리세린으로 반죽한 교질 다이너마이트는 안전성이 향상되었지만, 군용으로 사용하기에는 너무 예민했다.

그래서 제2차 세계대전 중 미국에서 발명된 것이 C 폭약이다. 이 C 폭약은 RDX(트리메틸렌트리니트라민)와 같은 안정적인 폭약을 왁스 등의 유지로 반죽한 것이다. C 폭약은 이 왁스와 같은 가소제를 개량하여 C2, C3, C4로 진화하였다.

필자가 자위대에 들어갔을 즈음 C4가 등장했었지만, 필자가 폭파 훈련에 사용한 것은 C3였다. C3는 기온이 떨어지면 가소성이 악화하여 메밀국수를 치듯이 판 위에서 굴리며 반죽해서 부드럽게 사용했던 기억이 있다. 이렇게 저온에서 가소성이 저하되는 것을 개선한 것이 C4이다. 대체로 비슷한 가소성 폭약은 전 세계 군대에서 사용하고 있다.

[그림 5-20] 자위대원이 C4 폭약으로 문을 폭파하는 훈련 장면이다. 소량의 폭약으로 문의 경첩 부분을 폭파한다. 네 군데에 설치한 폭약을 도폭선으로 연결한다. 사진은 시가전 훈련 중인 모습이다.

폭파용 뇌관

성냥으로 불을 붙여도 폭약은 폭발하지 않는다

포탄이나 폭탄 안에 장전된 작약이나 공병대가 사용하는 폭파 장약은 매우 둔감해서 높은 곳에서 던지거나 총탄을 발사해도 폭발하지 않는다. 불을 붙여도 그저 약하게 탈 뿐이다. 이 장약을 폭발시키려면 폭파용 뇌관(detonator)을 안에 넣어야 한다. 폭파용 뇌관에는 작은 금속 튜브(대체로 동)에 불을 붙이기만 하면 폭발하는 민감한 화약(기폭약)이 장전되어 있다.

폭파용 뇌관은 규격상 1~10호까지 다양한 사이즈가 있는 것으로 알려져 있지만, 실제 제품은 대부분이 6호이며 군용으로 8호가 있는 정도이다. 지름은 6호 6.5mm, 8호 7mm, 길이는 6호 35mm, 8호 45mm이다.

예전에는 뇌관에 장전하는 기폭약으로 뇌홍(뇌산수은)이 사용되었지만(6호 1g, 8호 2g), 현대에 와서는 DDNP(디아조디니트로페놀)를 사용하며 더 나아가 폭발력을 증대하기 위해 첨장약으로 테트릴이나 펜트리트를 추가한다.

폭파용 뇌관에는 비전기 뇌관과 전기 뇌관이 있다. 비전기 뇌관은 일반적으로 공업 뇌관이라고 부르며, 그 길이의 반 정도가 비어 있다. 거기에 도화선을 끼워 넣어 빠지지 않도록 뇌관 구제기라고 하는 펜치 같은 기구로 단단히 고정한다. 이때 자신의 얼굴 앞을 피해 두 손을 겨드랑이 쪽으로 가져가 작업한다.

전기 뇌관은 전기로 발화하듯이 점화약인 염소산칼륨과 티오시안산납 혼합물(그 외 제조사가 자체 개발한 것)로 얇은(0.03mm 정도) 백금 이리듐선을 감싸 0.5~2.0V, 1.0~1.5A의 전기를 흘려보내면 폭발하도록 제작되어 있다.

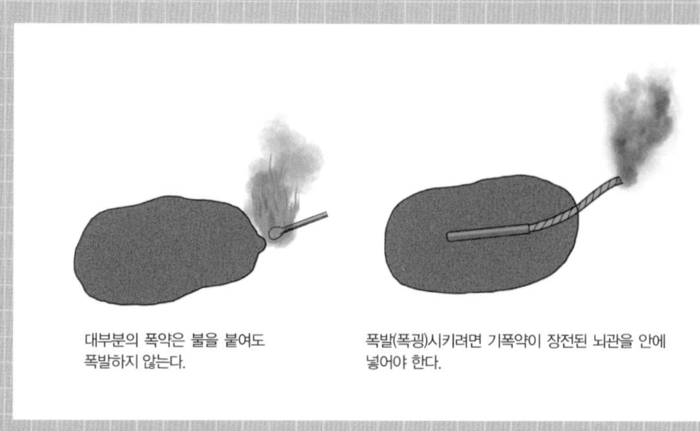

[그림 5-21] C4

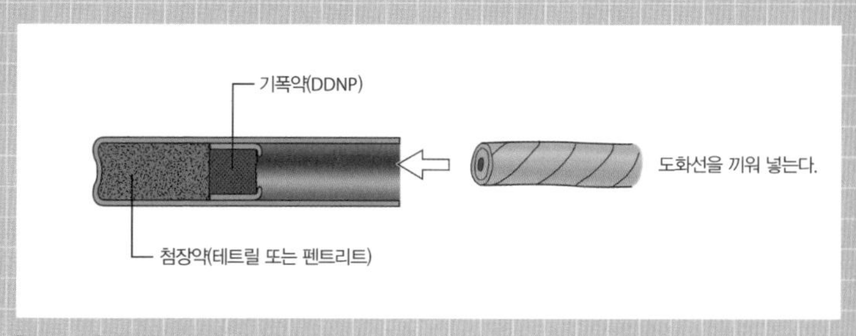

[그림 5-22] 비전기 뇌관(공업 뇌관)

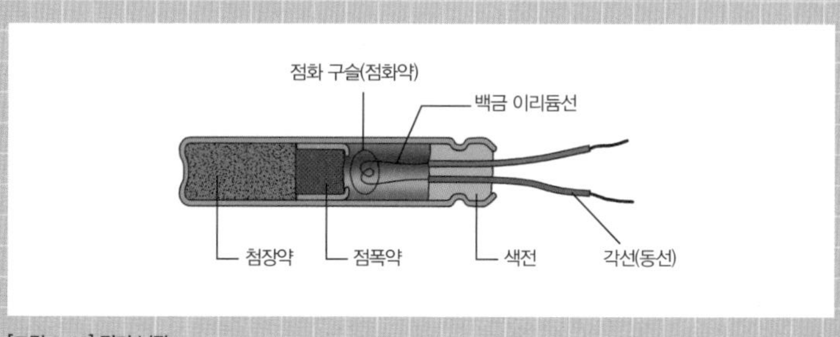

[그림 5-23] 전기 뇌관

도화선과 도폭선

도폭선은 5,500m/초 속도로 폭발력을 전달한다

비전기 뇌관에 점화하기 위해서는 도화선(fuse)을 이용한다. 도화선은 흑색 화약의 심을 삼베나 면 테이프로 감아 지름 약 5mm의 끈으로 만든 것으로, 불을 붙이면 1초당 약 1cm의 느린 속도로 연소한다.

만화처럼 연소한 만큼 짧아지지는 않는다. 자세히 보면 타들어 간 만큼 표면 곳곳에 검게 그을린 부분이 눈에 띄는 정도로, 어디까지 연소했는지 제대로 확인되지 않는다.

표면은 방수 코팅되어 있어서(예전에는 방수가 아닌 제품도 있었음) 점화하는 면만 젖지 않으면 나중에는 물속에서도 심이 연소한다.

도폭선(detonating fuse)은 얼핏 전선이라고 생각할 수 있는 비닐 코드로, 심에 펜트리트라는 폭약이 들어 있다. 지름 4.9mm와 5.5mm인 것이 있다. 도폭선도 불을 붙이는 것만으로는 폭발하지 않기 때문에 폭파용 뇌관으로 기폭해야 한다. 그래서 폭파용 뇌관을 점착 테이프 등으로 도폭선에 고정한다. 뇌관이 폭발하면 도폭선은 5,500m/초의 속도로 폭발력을 전한다.

폭파약을 기폭하기 위해서는 보통 하나하나에 폭파용 뇌관을 장착해야 하며, 그 뇌관 하나하나에 도화선을 장착하거나 전기 뇌관일 경우에는 전선을 연결해야 한다. 그러나 도폭선은 긴 뇌관 코드와 같은 것이라서 폭파약에 도폭선을 감아 장착하거나 폭파약 안에 도폭선을 통과시키면 뇌관 없이 폭파약을 기폭할 수 있다.

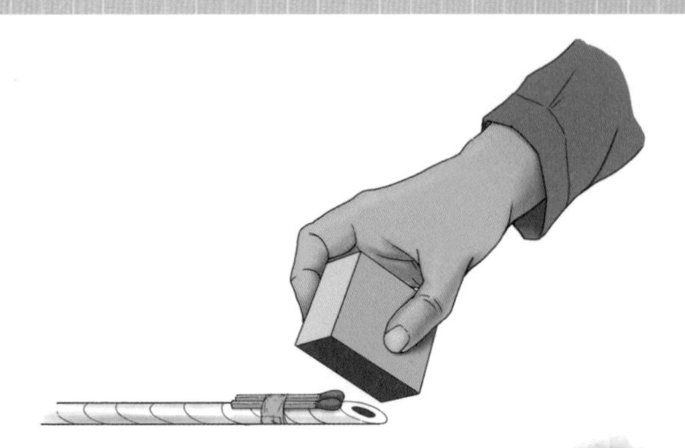

[그림 5-24] 도화선은 비스듬하게(약 30°) 절단해 성냥 두 개를 줄로 묶거나 점착 테이프로 고정해 성냥 상자로 그어 점화한다.

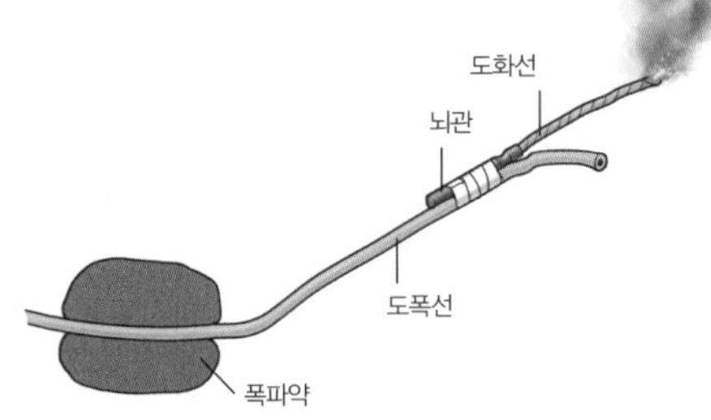

[그림 5-25] 도폭선도 불을 붙이는 것만으로는 폭발하지 않기 때문에 기폭용 뇌관으로 기폭한다. 하나의 긴 도폭선에 많은 폭파약을 장착해 두면 차례로 폭발시킬 수 있다.

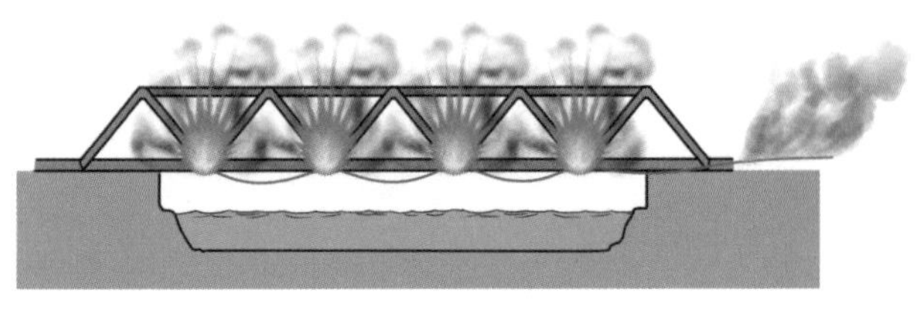

[그림 5-26] 예를 들어 철교를 폭파하려고 할 때 여러 군데에 설치한 폭파약을 하나의 도폭선으로 연결하면 5,500m/초의 속도로 차례차례 폭파약을 기폭할 수 있다.

Column 05

지뢰의 표식이란?

'이 지역은 지뢰가 매설되어 있습니다!'라고 아군이나 민간인에게 경고하는 표식은 1996년에 전 세계 공통 기준으로 마련되었다. 그 내용은 다음과 같다.

- 색: 붉은색 또는 오렌지색
- 테두리: 빛을 반사하는 노란색
- 상징: 이 그림의 상징 또는 해당 지역이 위험하다는 것을 쉽게 알 수 있는 것
- 언어: 아랍어, 중국어, 영어, 프랑스어, 러시아어, 스페인어 중 하나 또는 해당 지역에서 널리 사용되는 언어로 '지뢰'라는 글자로 표기

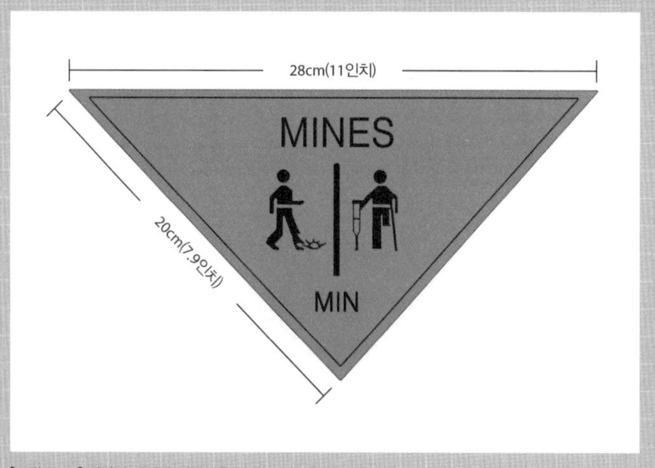

[그림 5-27] 지뢰가 매설된 지역임을 알리는 경고 표식

보병의 중화기

보병은 소총이나 기관총뿐만 아니라 박격포나 대전차 미사일, 대전차 로켓, 무반동포 등도 취급한다. 이 장에서는 보병이 취급하는 중화기와 각종 수류탄, 유탄에 관해 설명하겠다.

▲ 이 정도 무기는 '중화기'가 아닐 수도 있지만, 보병에게는 '무거운' 화기이다.

보병

원래 '걷는 병사'라는 의미가 아니다

전쟁은 정치상의 목적을 실력 행사로 달성하려는 행위이다. 정치적인 의도에 따라서는 한정된 무력 행사가 되기도 하지만, 기본적으로 상대의 의사에 반하는 요구를 실력 행사로 감추려고 하는 것이 전쟁이기 때문에 한정적인 방법으로 효과가 없을 때는 최종적으로 적국의 주권자(예를 들면 왕)에게 보병을 보내 '장군[王手]'이라고 선전포고해야 한다.

현대 전쟁에서는 각종 근대 무기의 파괴력 앞에 보병은 그저 미약한 존재일 뿐이다. 보병이 보유한 총이나 수류탄의 위력은 전차나 전투기, 야포의 파괴력과 비교하면 제로와 같을 정도로 미미하다.

그런데도 육상 전투의 주역은 보병이다. 보병은 적국 왕의 옥좌 앞에 서서 '장군'이라고 선전포고하기 위해 전진한다. 혹은 점령한 도시 주민 앞에 서서 '이 마을은 우리가 점령했다. 이제부터는 점령군의 명령이 법이다'라고 말하기 위해, 시장의 목덜미를 잡고 그렇게 말하기 위해 전진하는 것이다.

보병의 역할은 파괴하는 것이 아니라 점령해서 지배하는 것이다. 항공기나 전차, 화포 이 모든 것은 보병이 전진하기 위해, 길을 개척하기 위해 존재한다.

그런데 일본어로는 보병이라고 하지만, 영어로는 infantry라고 하여 걷는 병사라는 의미가 아니다. 원래는 어린이를 의미하는 인펀스라는 라틴어에서 유래하였으며, 중세에 기사와 함께 가는 젊은 사람을 이렇게 부른 것이 시초였다. 그렇기 때문에 보병이라는 일본어는 본질을 나타낸다고는 할 수 없어, 자위대의 '보통과'라는 용어를 보면 '뭐 다른 표현은 없을까?' 하고 생각하게 된다.

[그림 6-1] 보병을 의미하는 영어 infantry에는 '걷는 병사'라는 의미가 없다. 헬리콥터로 이동해도 infantry라고 한다.

보병연대

지역사회와 깊은 유대관계를 맺다

일반적으로 사단에는 3~4개의 보병연대가 있고, 연대(regiment)에는 여러 개의 중대(company)가 있다. 중대가 십수 개 있으면 여러 중대가 대대(battalion)를 이루고, 여러 대대가 연대를 이룬다. 이 구분은 국가나 시대에 따라 다르며, 일본도 육군에는 연대와 중대 사이에 대대가 있었지만, 현재 자위대에는 여러 중대가 모여 연대를 이루고 있다. 현재 영국군도 그렇다.

인원수가 적어졌을 경우 세계적으로 대대를 생략하는 것이 일반적이다. 왜냐하면 보병연대라는 것은 단순히 부대의 크기를 나타내는 것이 아니라 일본의 경우 각 도도부현(행정구역) 단위의 향토 부대와 같은, 지역사회와 깊은 연관을 맺고 있는 존재이기 때문이다. 예를 들어 육군의 경우 구마모토 사람이 도쿄로 일하러 갔다가 징병되면, 도쿄의 제1연대에 입대하는 것이 아니라 구마모토로 돌아가 제13연대로 입대한다.

수백 년 전의 유럽에서는 '○○후작'과 같은 대귀족이 자신의 영지 주민 중에서 병사를 모집해 연대를 만들었다. 그렇기 때문에 '○○연대란 ○○주의 젊은 청년을 모집해서 구성한 부대'를 말하며, 인원수가 많든 적든 연대는 연대이고, 인원수가 적으면 여러 중대가 연대가 되고, 인원수가 많으면 여러 대대를 보유한 연대가 되는 것이다. 그런데 최근 미군은 연대 없이 대대가 보병부대의 단위가 되었다. 이는 미군의 경우 향토 부대는 주병(州兵)으로, 연방군의 부대가 지역사회와 깊은 연관을 맺는 존재가 아니기 때문일 것이다.

보병연대 편성은 시대나 국가마다 큰 차이를 보이지만 전형적인 보병연대는 [그림 6-2]와 같다.

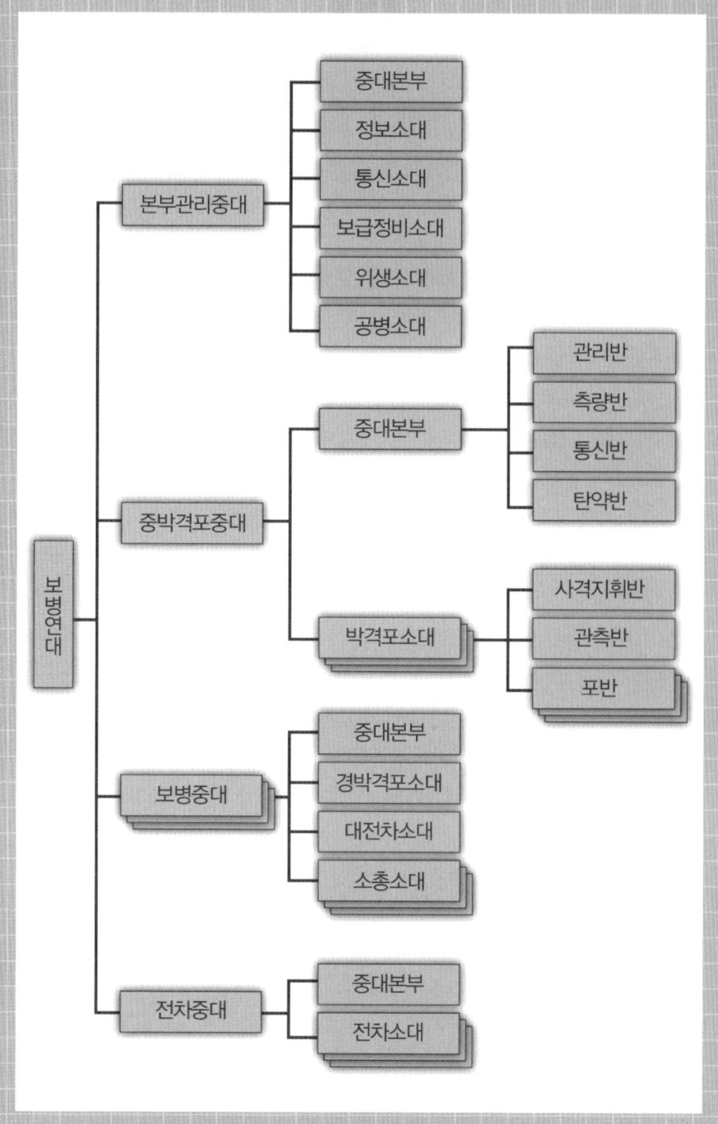

[그림 6-2] 이 그림은 연대 안에 대대가 없는 보병연대 사례이다. 보병연대 안에 전차중대가 있는 사례는 러시아군에서 볼 수 있는데, 매우 사치스러운 편제의 예로 자위대 연대에 전차중대는 상상도 할 수 없는 편제이다.

연대 화력
중박격포 또는 연대포

제2차 세계대전 즈음의 육군 보병연대에는 연대포라는 것이 있었다.

메이지 시대나 다이쇼 시대의 보병연대에는 없었지만, 강력한 보병포가 필요하다는 이유로 보병연대 안에 설치된 연대포대대의 포병대가 사용하기에는 조금 구형이고 소형인 41식 산포(구경 75mm, 포탄 6kg, 최대 사거리 7.1km)를 8문 보유했다.

또 보병대대에 설치된 대대포소대는 92식 보병포(구경 70mm, 포탄 3.8kg, 최대 사거리 2.8km)라는 소형포를 2문 보유했다.

보통 보병부대용 화포로는 박격포를 보유했다. 그러나 박격포는 명중 정확도가 낮아서 육군 보병부대에서는 선호하지 않았다. '명중 정확도가 낮더라도 많은 탄을 퍼부어 면적으로 제압하는' 것이 박격포인데, 예전 일본군에는 그 정도의 탄 수송 능력이 없었다.

자위대나 세계 각국의 군대에서는 연대 안에 설치된 중박격포중대가 보병연대의 화포로 120mm 박격포를 보유했다. 중국군은 지금도 보병연대 안에 유탄포대대가 있으며 122mm 유탄포 18문을 보유 중이다.

자위대와 미국 · 유럽 각국에서는 보병중대 안에 설치된 박격포소대가 81mm 박격포를, 중국군은 82mm 박격포를 보유하고 있다.

국가에 따라서는 보병연대가 여러 대대로 이루어진 큰 연대인 경우 대대의 박격포중대가 81mm 박격포를, 중대의 박격포소대가 60mm 박격포를 보유하기도 한다.

[그림 6-3] 자위대가 보유한 대표적인 보병 중화기 120mm 박격포 RT

사진/육상자위대

[그림 6-4] 중국군은 보병포로 122mm 유탄포를 보유하고 있다.

대전차 부대

대전차포를 대신하는 대전차 미사일과 무반동포

보병부대에는 보병이 전차에 대항하기 위한 대전차 부대가 설치된다. 수십 년 전에는 대전차포를 사용했지만 너무 크고 무거워지면서 보병부대가 사용하기에는 간편하지 않자, 현대에는 대전차포 대신 대전차 미사일과 무반동포를 사용하게 되었다.

대전차 미사일이 발달하지 않았을 때는 무반동포가 주요 대전차 무기였으며, 야포처럼 큰 120mm 무반동포가 제작된 적도 있다. 특히 106mm 무반동포는 미국이나 일본에서도 많이 보유했다.

그런데 무반동포는 엄청난 후방 폭풍을 내보낸다. 이러한 사항을 고려하면 거의 공공연하게 진지를 만들 수밖에 없고 제대로 방호된 구멍 안에 포를 넣을 수가 없다.

그래서 대전차 미사일의 발달과 함께 대형 무반동포는 모습을 감추게 되었고, 무반동포 하면 보병이 어깨에 메고 운반할 수 있을 정도의 것으로 바뀌었다.

냉전 시대의 소련군에는 사단 대전차대대, 자위대에는 사단 대전차 부대가 있었는데, 최근 사단의 대전차 부대는 일부를 제외하고는 모습을 감추었다. 그리고 보병연대 안에는 대전차중대가 있는 연대와 없는 연대가 있으며, 각 보병중대에는 대전차소대가 있다.

이들 대전차중대나 대전차소대는 대전차 미사일을 보유하고, 각 보병소대는 84mm 무반동포나 110mm 개인 휴대 대전차탄(판처파우스트3)을 보유한다.

현대 중국군의 보병을 보면 보병대대 안에 대전차소대가 있고, 무반동포나 대전차 미사일을 보유하고 있다.

[그림 6-5] 러시아군의 100mm 대전차포. 예전에는 대전차 부대에서 이러한 포를 보유했지만 무반동포나 대전차 미사일로 대체되어 모습을 감추었다.

[그림 6-6] 소형 트럭에 실린 106mm 무반동포. 이렇게 큰 무반동포도 모습을 감추었다.

대전차 미사일

대전차 미사일의 다양한 유도 방식

초기 대전차 미사일은 유선 유도 방식이었다. 미사일 꼬리에 가는 전선이 감겨 들어가 있고, 미사일은 전선을 풀어내며 비행한다. 병사는 유도 장치의 조종간을 손으로 움직여 미사일을 유도한다. 미사일은 병사들에게 잘 보이도록 일부러 밝은 오렌지색의 로켓 분사로 제작한다. 일본의 64식 대전차 유도탄이나 러시아의 AT-3 사가가 이 방식이다. 수동으로 유도해야 하기 때문에 미사일 속도가 느려(약 120m/초), 마치 무선 조종 비행기가 비행하는 것처럼 보인다.

여기에서 좀 더 발전한 것이 유선 방식으로, 사람이 조종하지 않아도 병사가 표적을 계속 겨누고 있으면 미사일이 스스로 조준선과의 오차를 감지하여 방향을 바꾸는 방식이다. TOW 미사일이나 드래곤 미사일, 일본의 79식 대주정 대전차 유도탄이 여기에 해당한다. 유선이기는 하지만 300m/초 정도로 속도를 빠르게 할 수 없기 때문에, 예를 들어 3km 떨어진 표적이라면 10초 이상 계속 겨눠야 한다.

여기에서 더 발전한 것이 헬파이어 미사일의 레이더 유도 방식이다. 병사는 레이더로 계속 표적을 조준해야 하는데, 유선이 아니어서 미사일 속도가 빨라 헬파이어 미사일의 비상 속도는 약 400m/초이다.

여기에서 더 발전한 것이 영상 유도 방식이다. 병사가 표적을 겨누다가 명중하겠다고 결정해 방아쇠를 당기면 미사일이 표적의 모습을 기억해서 비행한다. 발사 후에는 병사가 미사일을 유도할 필요도, 계속 겨눌 필요도 없다. 일본의 01식 휴대 대전차 유도탄, 미국의 재블린 대전차 미사일이 이 방식에 해당한다.

[그림 6-7] 러시아의 AT-3 사가 대전차 미사일은 유선식 수동 조종

[그림 6-8] AH-64 아파치에 탑재된 헬파이어 미사일은 레이더 유도

[그림 6-9] 경장갑 기동차의 윗면 해치에서 발사되는 01식 휴대 대전차 유도탄
사진/육상자위대

대전차 로켓과 무반동포

지금은 양자의 중간급이 주류

로켓탄은 명중률이 포탄의 1/5~1/10 정도로 정확도가 낮다. 비록 무겁기는 하지만 무반동포의 명중률은 굉장히 높다. 하지만 무반동포는 후방으로 맹렬한 폭풍을 내보낸다. 뒤에 아군이 없도록 주의해야 하는 등 무기 취급도 쉽지 않다. 또 후방 폭풍이 굉장하다는 것은 흙먼지를 일으켜 어디에서 발사했는지 단번에 적에게 발각되고, 진지를 구축하는 경우에도 후방이 크게 개방된 포 자리를 만들어야 하기 때문에 적탄에 대한 방호 면에서도 불리하다.

그래서 현재는 로켓탄 발사기와 무반동포의 중간급이 주류가 되었다. 즉, 무반동포탄에 소량의 발사약을 장전해 로켓탄을 발사하며 공중에서 로켓에 점화하는 것이다. 이렇게 하면 같은 사거리에서도 무반동포의 후방 폭풍이 약해지고 로켓탄의 추진제도 적게 들어간다. 예를 들면 러시아의 RPG-7이나 자위대의 칼구스타프 84mm 무반동포가 여기에 해당한다. 그렇다 하더라도 이들 무기는 반동을 없애기 위해 후방으로 분출하는 가스를 노즐로 조여 기세 좋게 뿜어낸다.

그래서 최근에는 후방 폭풍을 더 줄이기 위해 후방으로 뿜어내는 가스를 노즐로 조이지 않는 것이 많아졌다. 이 경우에는 탄과 같은 무게의 물체를 후방으로 발사하여 후방 폭풍을 약화하는데, 후방에 벽이 있는 실내에서도 발사가 가능하다. 탄과 같은 무게의 물체는 모래알 정도로 작아져서 비행한다. 이 방식을 카운터매스식이라고 한다. 자위대의 110mm 개인 휴대 대전차탄이나 미국의 AT-4 등이 여기에 해당한다.

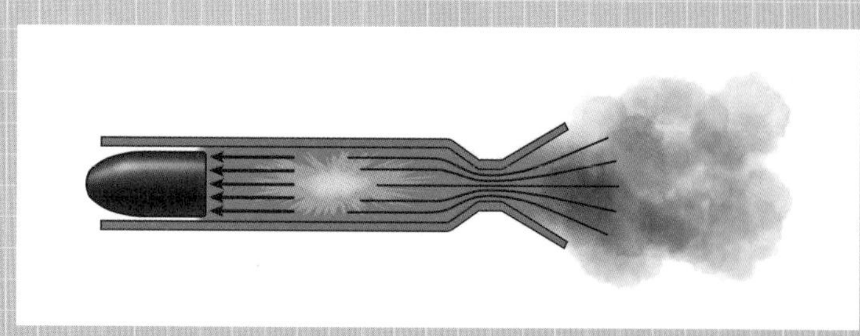

[그림 6-10] RPG-7이나 칼구스타프 무반동포는 후방으로 고속 가스를 뿜어내 반동은 없지만, 가스를 노즐로 조이고 있어서 후방 폭풍이 강하다.

[그림 6-11] 무반동포 RPG-7. 조인 노즐을 통해 후방으로 큰 폭풍을 내보낸다.

사진/미 해병대

[그림 6-12] 미군의 M3 칼구스타프 무반동포. 이 포도 조인 노즐을 통해 후방으로 큰 폭풍을 내보낸다.

사진/미 육군

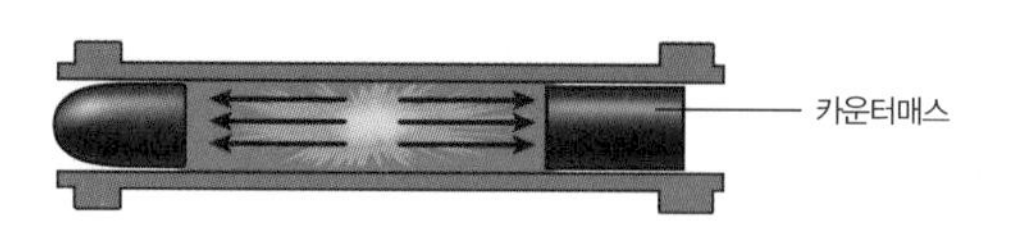

[그림 6-13] 110mm 개인 휴대 대전차탄(판처파우스트3)이나 AT-4는 포탄과 같은 무게의 카운터매스를 후방으로 발사해 반동을 제거한다.

[그림 6-14] 110mm 개인 휴대 대전차탄(판처파우스트3)은 카운터매스 방식이어서 후방 폭풍이 약하고, 벽에서 2m 떨어져 있으면 실내에서도 발사할 수 있다.

척탄과 수류탄

영어로는 둘 다 grenade라고 한다

나폴레옹 전쟁사나 독일군 전쟁사를 읽다 보면 종종 척탄병이라는 단어가 나온다. 척이란 내던진다는 의미이고 척탄은 지금으로 치면 수류탄을 의미한다. 이 수류탄을 적에게 투척하러 가는 것이 척탄병이고, 척탄을 시작한 사람은 프랑스의 루이 14세이다. 당시는 만화에 나오는 것처럼 폭탄 같은 쇠로 된 구슬에 도화선이 달린 형태였다.

당시 군대는 전투 시 창의 밀집대형을 화승총이 수호하는 대형으로 하였다. 이 때문에 창의 밀집대형을 무너뜨리는 데 척탄을 던지는 것이 효과적이었지만, 그래도 화승총이 수호하는 곳으로 척탄을 던지러 간다는 것은 배짱이 필요한 행위였기 때문에 척탄병은 차원이 다른 용감한 사람이었다.

그런데 창 부대가 폐지되고 보병 전원이 총을 보유하게 되자, 더 이상 위험한 곳으로 척탄을 던지러 가지 않게 되었다. 척탄병이 제대로 활약한 기간은 100년 정도였다. 나폴레옹 시대부터는 척탄병 연대처럼 이름만 전통으로 남아 있을 뿐 실은 일반 보병부대였다.

그러나 제1차 세계대전 때 척탄이 부활한다.

기관총의 발달로 보병이 참호를 파게 되자, 그 참호에 척탄을 던지게 된 것이다. 일본군은 이 근대적인 척탄을 수류탄이라고 불렀으며, 척탄하면 예전의 둥근 폭탄에 도화선이 달린 것을 연상하였다. 하지만 이렇게 불렀던 일본군도 화약의 힘으로 수류탄급 폭탄을 날리게 되자 다시 척탄으로 불렀다. 중국에서는 수류탄이라는 표현과 함께 수뢰(手雷)라는 용어도 사용한다.

[그림 6-15] 척탄병. 화약이 들어 있는 도화선이 달린 쇠구슬을 던졌다. 이것이 수류탄(척탄)의 시초이다.

일러스트/Richard Knötel

[그림 6-16] 러시아의 RG42 수류탄(좌)과 F1 수류탄(우)

공격 수류탄과 파편 수류탄

공격 수류탄은 참호를 공격하는 것이다

현대 수류탄의 시초는 최전선에 있는 병사가 직접 빈 깡통 등에 폭약을 넣고 도화선에 불을 붙여 적의 참호에 던진 것이다. 이윽고 공장에서 생산하게 되면서 줄을 당기면 발화되는 점화 장치를 장착해 보급하였다. 그 때문에 최초의 수류탄 용기는 매우 얇아서 파편 효과가 거의 없었다.

폭풍만 나오는 수류탄은 참호전에서 좁은 공간으로 던졌기 때문에 살상 효과가 있었지만, 폭풍이 확산하는 공개된 장소에서 폭풍의 힘으로 살상할 목적이라면 적의 발밑에서 수백 g의 폭약이 폭발해야 한다. 수 미터 떨어져 있으면 기절할 정도의 충격은 받지만 폭풍만으로는 좀처럼 죽지 않는다. 결국 참호를 지키는 병사가 돌격해 오는 적에게 던진다고 한다면, 폭풍만 내뿜는 수류탄보다는 파편을 흩뿌리는 유형의 수류탄이 효과적이다.

대부분 폭약 덩어리로 된 수류탄은 공격 수류탄, 파편을 흩뿌리는 수류탄은 파편 수류탄이라고 한다. 영화 등에서 파편 수류탄 표면에 파인애플을 연상시키는 가로세로 홈이 패여 있는 것을 자주 볼 수 있는데, 그 홈은 미끄럼을 방지하는 역할만 할 뿐 홈 모양대로 파괴되는 것은 아니며 파편이 더 작아지기만 할 뿐이다. 최근에는 탄피를 매우 얇은 철판이나 플라스틱으로 만들어 파편이 아닌 수많은 소형 쇠구슬을 작약 안에 채워 쇠구슬을 비산시키는 것도 등장하고 있다. 예를 들어 중국군의 86식 플라스틱 수류탄은 40g의 작약으로 지름이 3mm인 쇠구슬 1,600개를 비산시킨다.

[그림 6-17] 파편 수류탄 MkⅡ(좌)와 공격 수류탄 Mk3A2(우)

〈표 6-1〉 파편 수류탄과 공격 수류탄의 비교

파편 수류탄 MkⅡ		공격 수류탄 Mk3A2	
무게	635g	무게	440g
지름	57mm	지름	50mm
높이	108mm	높이	133mm
작약	TNT50g	작약	TNT227g
지연 시간	4~5초	지연 시간	4~5초
살상 반경	10m	살상 반경	2m

파편 수류탄 MkⅡ의 살상 반경이 10m라고 하면 '서 있는 적병에 거의 확실히 파편이 튄다'는 의미가 된다. 더 떨어져 있어도 확률이 낮아질 뿐 파편이 닿을 수는 있다. 큰 파편은 180m 정도까지 날아간다.

연막 수류탄과 소이 수류탄

뭉게뭉게 연기가 나는 연막 수류탄, 고열을 내뿜는 소이 수류탄

연막 수류탄은 연막을 치거나 위치를 알리기 위해 연기를 내는 수류탄이다. 폭발해서 순간적으로 연기 덩어리를 만드는 백린(WP) 수류탄과 헥사클로로에탄(HC)을 발연제로 하여 뭉게뭉게 연기를 피워 내는 유형이 있다. 대표적인 백린 수류탄인 M34(미군)는 내부에 430g의 백린이 충전되어 있으며 지름 30m 정도의 연기 덩어리를 만들어 낸다. 공개된 장소에서 사용하면 단순한 발연탄이 되지만, 사람이 있는 실내 또는 참호에 던지거나 백린이 사람에게 닿으면 심각한 화상을 입힐 수 있다. 백린이 순간적으로 연소하면서 산소를 빼앗기 때문에 공간이 좁으면 산소가 결핍되기도 한다.

연막 수류탄 M18은 헥사클로로에탄을 주성분으로 하는 발연제 325g이 충전되어 있으며, 50~90초 동안 연기를 뿜어낸다. 붉은색이나 주황색, 노란색, 녹색, 파란색, 보라색, 검은색 연기를 피워 내는 것도 있다.

소이 수류탄에는 주로 테르밋(산화철과 알루미늄 분말의 혼합물)이 충전되어 있다. 전기 용접 용접봉의 표면 코팅제에 이용되는 물질이다. 2,000~3,000℃의 고열을 발하면서 연소하지만, 폭발물이 아니기 때문에 폭풍은 나오지 않는다.

대표적인 소이 수류탄 TH3(미군)를 예로 들어 설명하겠다. TH3는 테르밋을 주성분으로 하는 742g의 소이제가 충전되어 있으며, 2,000℃ 이상의 열을 2~3초 동안 발하지만 효과 반경은 2m에 불과하다. 말하자면 강력한 인화제일 뿐, 거기에서 불이 번지는 가연물이 없으면 그다지 큰 효과를 기대할 수 없다. 그런데도 이 수류탄이 전차의 엔진 룸 위나 포신 안에서 연소하면 전차도 사용할 수 없게 된다. 하지만 전장에서는 그다지 효과적으로 사용되고 있지는 않다.

[그림 6-18] 백린 수류탄 M34(좌)와 연막 수류탄 M18(우)

〈표 6-2〉 두 종류의 연막 수류탄 비교

백린 수류탄 M34		연막 수류탄 M18	
무게	770g	무게	540g
지름	60mm	지름	60mm
높이	138mm	높이	146mm
백린	430g	연막제	325g
지연 시간	4~5초	지연 시간	1.2~2.0초
살상 반경	17m	연막 시간	50~90초

[그림 6-19] 연막 수류탄이 붉은 연기를 뿜어내는 모습
사진/미 공군

소총 척탄

수류탄을 날리는 것, 전용 척탄을 날리는 것

수류탄은 손으로 던지기 때문에 기껏해야 30~40m 정도밖에 날아가지 않는다. 그래서 화약의 힘으로 더 멀리 날리기 위해 만든 것이 소총 척탄이나 척탄통이다.

소총 척탄에도 다양한 유형이 있다. 전용 척탄을 총신에 씌워 발사하는 유형, 수류탄에 날개가 달린 꼬리를 장착해 총신에 씌워 발사하는 유형, 총신에 수류탄이 들어가는 컵 모양의 발사기를 장착해 수류탄을 발사하는 유형이 있다. 현대 소총은 척탄의 꼬리 부분을 직접 총신에 씌우는 유형이 많지만, 제2차 세계대전 즈음에는 총검을 장착하기 위한 버팀쇠 부분을 이용하여 척탄 발사통을 장착함으로써 그곳에 척탄을 씌우는 방식이었다.

척탄을 날리는 데는 전용 공포(空砲)를 사용했다. 그런데 공포가 없으면 척탄이 있어도 발사할 수가 없다. 정신없는 전장에서는 '척탄은 보급되었는데 공포가 도착하지 않는' 사태도 벌어질 수 있다. 그래서 척탄 한 발과 공포 한 발을 테이프로 고정한 상태에서 보급하자는 아이디어도 나왔다.

그래도 공포를 사용한다는 것은 총에 장전되어 있는 실탄을 사전에 빼야 하는 번거로움을 동반한다. 게다가 어두운 밤 피곤에 지친 병사가 손으로 더듬어 가며 조작하면 실수하지 않는다는 보장도 없다. 절대 실수하지 않기 위해서는 실탄으로 척탄을 발사하는 방법이 제일 효과적이다. 그래서 척탄의 꼬리 안에 실탄을 고정시킬 수 있는 강력한 쿠션을 넣어 실탄으로 척탄을 발사하는 것이다. 프랑스나 벨기에 등 여러 국가에서 이러한 탄이 사용되고 있으며, 자위대의 06식 소총 척탄이 여기에 해당한다.

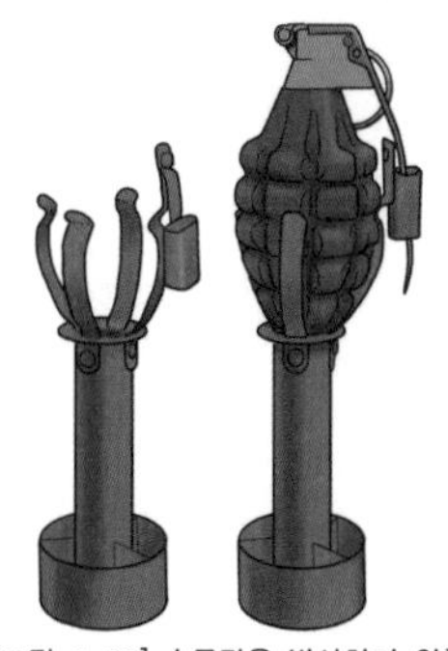

[그림 6-20] 수류탄을 발사하기 위한 어댑터

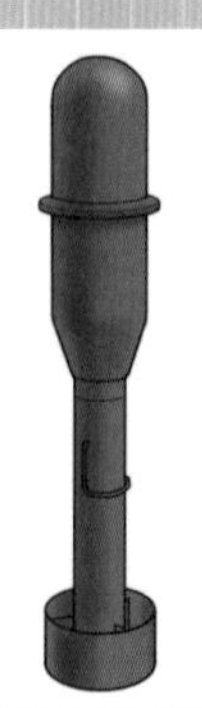

[그림 6-21] 전용 척탄

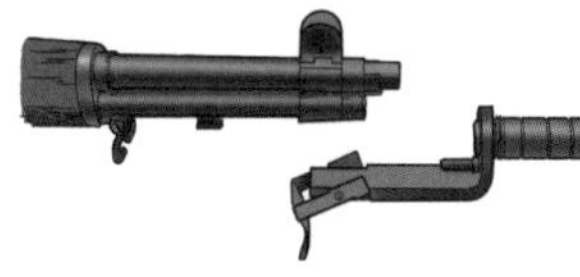

[그림 6-22] 20세기 후반까지 소총으로 척탄을 발사하기 위해서는 총검 장착 부분을 이용하여 척탄 발사통을 연결해야 했다.

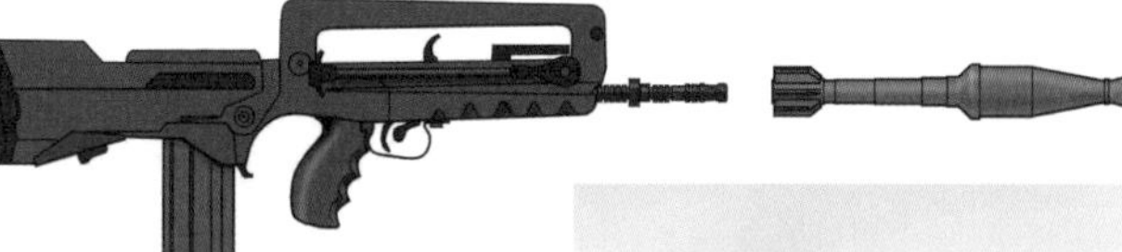

[그림 6-23] 프랑스의 FA-MAS 소총과 뤼셰르 소총 척탄. 현대 소총은 주로 척탄을 직접 총신에 씌워 발사한다.

[그림 6-24] 일본의 89식 소총과 06식 소총 척탄
사진/Earlybird

척탄통, 척탄총

최근에는 전용 척탄만 사용할 수 있다

예전 일본군은 총에 장착하는 것이 아닌 전용 척탄통을 사용했다. 구경은 5cm로 전용 척탄을 발사할 수 있을 뿐만 아니라 수류탄도 발사할 수 있었다. 수류탄을 발사하는 경우에는 수류탄 바닥에 발사약이 들어 있는 장약실을 끼워 넣어 사용한다. 전용 척탄의 사거리는 650m, 수류탄은 190m였다. 일본군은 이 척탄통이 매우 도움이 되어 소총 척탄은 그다지 중요하게 생각하지 않았다(그래도 일단 보유하고는 있었다).

제2차 세계대전 후 미군은 일본의 척탄통에서 힌트를 얻어 구경 40mm의 M79 척탄총(최대 사거리 400m)을 베트남 전쟁에 사용하여 성과를 올렸다. 그러나 이 전용 척탄총을 사용하지 않을 때 병사는 총격전에 참가할 수 없다.

그래서 소총의 총신 아래에 장착하는 M203 척탄통이 개발되었고, 현재 미군은 이 척탄통을 사용한다. 러시아도 이 척탄통에 자극받아 총에 장착하는 구경 30mm의 척탄통을 개발하였다. 게다가 중기관형 척탄총도 제작할 수 있게 되어 미군에서는 Mk19 오토매틱 그레네이드 론처(유탄 발사기), 일본에서는 96식 척탄총(둘 다 구경이 40mm)으로 무장했다.

이들 현대 척탄총은 전용 척탄을 사용하고, 수류탄을 발사할 수는 없다. 또 이들 중기관총형 척탄총은 구경이 40mm라 하더라도 M79나 M203보다 장약이 강해서(사거리 1,500m) 겸용으로 사용할 수 없다. 자위대는 중기관총형인 96식 척탄총은 보유하고 있는데 M203처럼 총신 아래에 장착하는 유형의 척탄통은 보유하고 있지 않다. 한편 M203 테스트 시 착탄 각도가 낮으면 불발 확률이 무척 높았다고 한다.

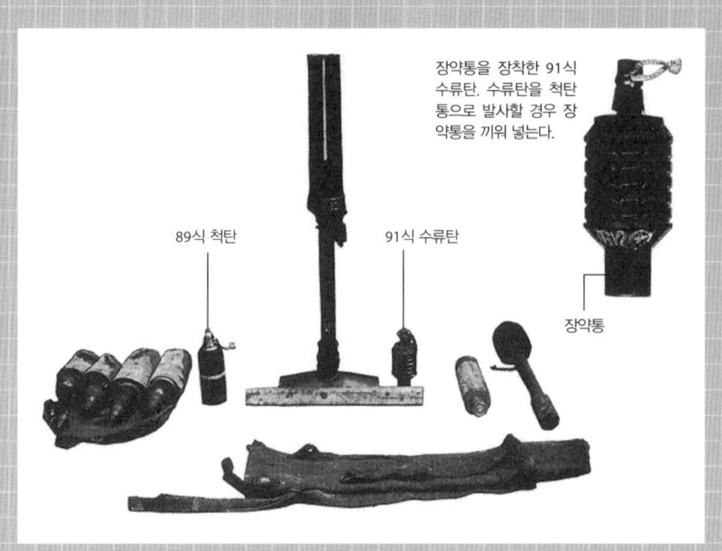

[그림 6-25] 일본군의 89식 중척탄통 사진/미 육군

[그림 6-26] M79 척탄총(우). 전체 길이 737mm, 무게 2.72kg으로 소형에 경량이었지만, 총의 형태를 하고 있어서 이것과 별개로 또 다른 소총은 들기 힘들었다.
사진/미 해병대

[그림 6-27] 그래서 이 총신 부분만 소총의 총신 아래에 장착해, 소총수가 척탄수를 겸할 수 있도록 한 것이 M203 척탄통이다. 무게가 1.36kg밖에 되지 않아 총에 장착해도 큰 부담은 되지 않는다.
사진/미 육군

수류탄 점화 방식의 종류

끈을 당기거나 격침을 부딪치게 하는 방식이 있다

수백 년 전 유럽의 그레네이드(척탄/유탄)는 도화선에 불을 붙여서 던졌다. 이후에 그레네이드는 사용하지 않았는데 러일전쟁과 제1차 세계대전에서 전선의 부대가 적진에 던지기 위한 수류탄을 현지에서 급하게 만들었다. 이 급조된 수류탄은 도화선에 불을 붙여야 했다.

그러나 본격적으로 수류탄이 필요해지면서 본국 공장에서 생산하자 근대화하며 점화 방식에 대해서도 고민하게 되었다. 제1차 세계대전, 제2차 세계대전에서 독일군이 사용하던 손잡이가 달린 수류탄은 줄을 당기는 마찰로 점화하는 방식이었다. 이렇게 손잡이가 달린 마찰 점화식 수류탄은 러시아나 중국에서도 생산되었다. 일본군의 97식과 99식은 뇌관에서 점화하는데, 뇌관에 충격을 가하기 위해 격침의 머리를 헬멧이나 총 등 단단한 것에 부딪쳐야 했으며, 또 깜빡하면 격침이 빠질 우려도 있었다.

현대 수류탄의 대부분은 뇌관을 두드리는 격침이 스프링을 압축한 상태로, 안전핀과 안전 레버에 눌린 구조이다. 안전 레버를 제대로 쥐고 있지 않으면 안전핀을 뽑기만 해도 격철이 움직이게 된다. 안전 레버를 쥐고 있으면 안전핀을 뽑아도 격철은 움직이지 않는데, 던지면 격철이 안전 레버를 날려 뇌관을 두드린다.

이 방식은 격철 스프링을 압축한 상태로, 제조한 지 10년이나 20년간 보관해도 손상되지 않는 격철 스프링을 제조하는 기술이 없으면 불가능하다. 예전에 일본이 이 방식으로 하지 않았던 이유는 이러한 격철 스프링을 제조하지 못해서였기 때문일 수도 있다.

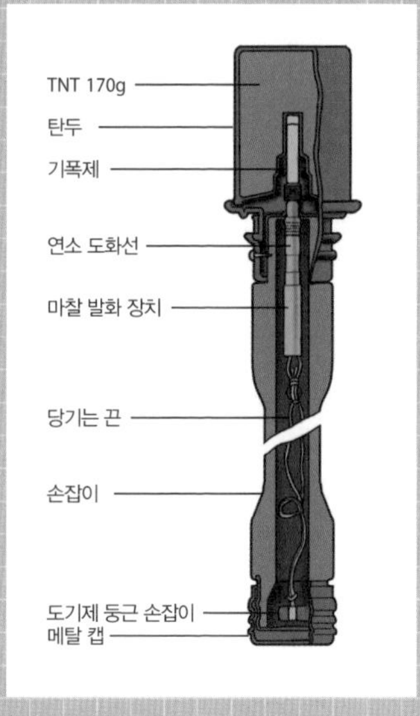

[그림 6-28] 독일군의 M24 수류탄 구조

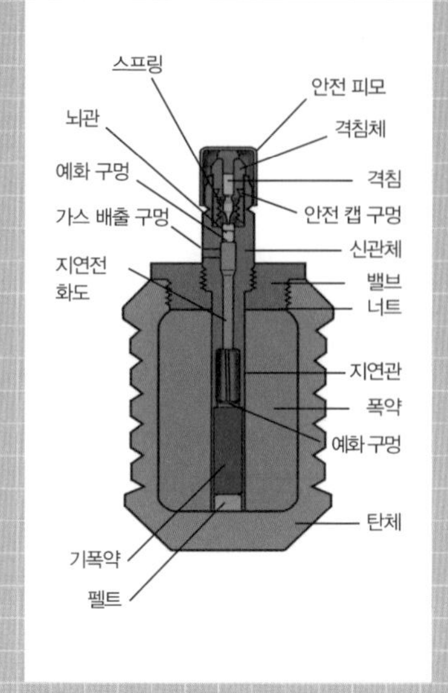

[그림 6-29] 일본군의 97식 수류탄 구조

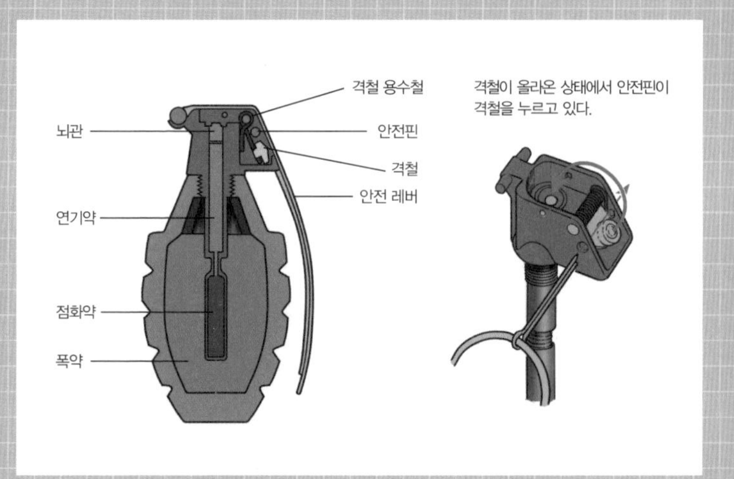

[그림 6-30] 미군의 MKII 수류탄 구조

보병의 돌격

화력 지원의 문제점

'예전 일본군은 화력을 경시하여 총검 돌격 만능주의였다'고 하는 사람이 있는데, 결코 그렇지는 않았다. 그러한 인상을 받는 것은 알고 있지만, 국력이 뒷받침해 주지 못했던 결과이다. 일본의 국력으로 제대로 된 육군을 만들면 20만 명 정도가 한계였던 것을, 제2차 세계대전 때 그 10배 이상으로 양만 늘렸으니 어쩔 도리가 없었다.

교과서대로 공격하면, 포병이 적진에 포탄 비를 뿌리는 사이 보병은 적진에 접근하고, '포복 전진하지 않으면 아군의 포탄 파편을 맞게 되는' 거리까지 가까이 접근한다.

현대 자위대는 '최종탄 낙하 1분 전, 돌격 준비', '최종탄 낙하…… 탄착, 지금'이라는 무선 연락을 받으면, '돌격, 앞으로!'라는 호령을 붙이며 돌격한다. 그런데 예전에는 소대나 중대급은 무전기가 없었기 때문에 보병이 '앞으로 돌격, 포격 중지'라는 의미의 신호탄을 쏘아 올리면 돌격했다. 당연히 예전의 일본군도 교과서대로라면 전차의 지원을 받으며 돌격한다.

그런데 보병이 돌격할 때는 달리는 거리가 최대한 줄어들도록 포격하는 동안 최대한 적진에 접근하려고 했다. 그러기 위해서는 포격 정확도가 높지 않으면 아군의 포탄에 맞을 우려가 있다. 예전 일본군이 박격포를 선호하지 않았던 것도 이 정확도 문제 때문일 수 있다. 또 포탄이 강력한 것은 좋지만 포탄이 강력할수록 '근접할 수 없다'는 문제도 있다. 이 때문에 자위대가 105mm 포를 폐지하고 155mm 야포로 통일할 때도 '보병이 적진에 근접할 수 있는 거리가 멀어지기 때문에 105mm를 남겨 두고 싶다'는 의견이 있었을 정도이다.

예전 방식의 문제점은 신호탄이 적에게도 보이기 때문에 '포격이 끝났다. 일본군이 돌격해 온다'고 쉽게 눈치챌 수 있었던 점과 포탄이 적진에 닿는 데 십여 초 걸리기 때문에 신호탄을 발사한 순간 바로 돌격할 수 없었던 점이다.

[그림 6-31] 현재 자위대

[그림 6-32] 예전 육군

Column 06

박격포의 약점은?

60mm 정도의 경박격포는 혼자, 81mm 박격포는 여러 명이 운반할 수 있을 정도로 가볍고 편리해서 박격포는 보병의 든직한 아군이다. 하지만 박격포에도 결점은 있다. 반동을 지면에서 흡수하는 구조라서, 수평 사격은 물론 작은 각도에서도 발사할 수가 없다. 먼 곳으로 쏠 때는 거의 45° 이지만, 가까운 곳으로 발사할 때는 더욱 큰 각도(대부분 바로 위에 가까운 각도)로 발사한다. 가까운 곳으로 발사할 때는 높은 각도로 쏘아야 하며, 탄이 공중에 있는 시간이 길고, 가까운데도 명중 정확도가 높지 않다는 것이 박격포의 단점이다.

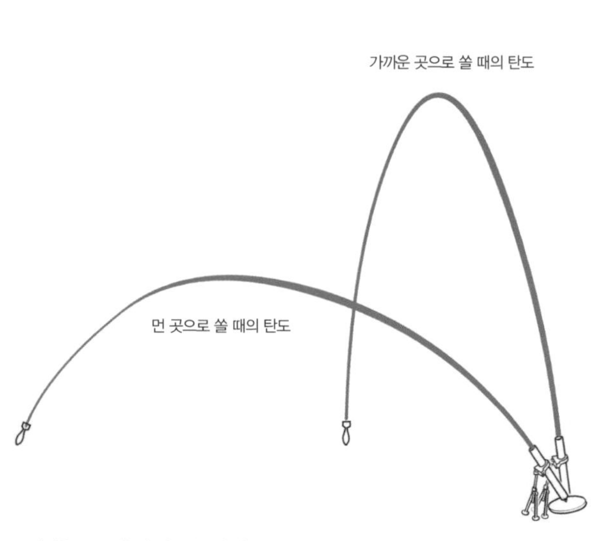

화약과 폭약

화약이나 폭약에는 다양한 종류가 있으며, 그 특징도 다르다.
이 장에서는 화약과 폭약의 차이에서부터 어떤 경우에 어떤 화약이나 폭약이
사용되는지 알아보자.

▲ 40파운드 도로 폭파약

사진/미 육군

화약류

이용 가치가 있는 폭발물

화약류란 무엇일까? 그 정의를 말하자면 학자나 서적에 따라 미묘하게 다른 점이 있는데, 간단히 말해 '군사용이나 산업용으로 이용되는 폭발물인 공업 제품'이라고 할 수 있다.

프로판가스나 휘발유의 증기가 적당히 공기와 만나는 지점에 불이 붙으면 폭발한다. 화약류는 폭발물이기는 하지만 군사용이나 산업용으로 이용하기 위해 프로판가스나 휘발유 증기와 공기의 혼합물을 제품으로 만드는 일은 없을 것이다.

피크르산은 러일전쟁 때 포탄에 장전되었는데, 철과 만나면 피크르산 제2철이라는 물질이 된다. 이 물질은 포탄에 장전하기에는 너무 민감하고 위험해서 실용화할 수 없다. 그래서 피크르산을 넣은 포탄은 피크르산과 철이 접촉하지 않도록 내부에 도료(당시 일본군은 옻칠)를 칠했다.

즉, 피크르산은 화약류이지만 피크르산 제2철은 자연스럽게 만들어지는 폭발물로, 군사나 산업 현장에서 이용하기 위해 만든 것이 아니기 때문에 화약류가 아니다.

화약류로 불리기 위해 필요한 또 다른 특징은 폭발하기 위해 공기 중의 산소가 필요하지 않다는 것이다. 프로판가스나 휘발유도 산소와 만나지 않으면 단독으로 폭발하는 일은 없다. 화약류는 그 성분 안에 산소도 포함하고 있어서 폭발할 때 공기 중의 산소는 없어도 된다. 그렇기 때문에 물속이나 땅속, 우주 공간에서도 폭발한다.

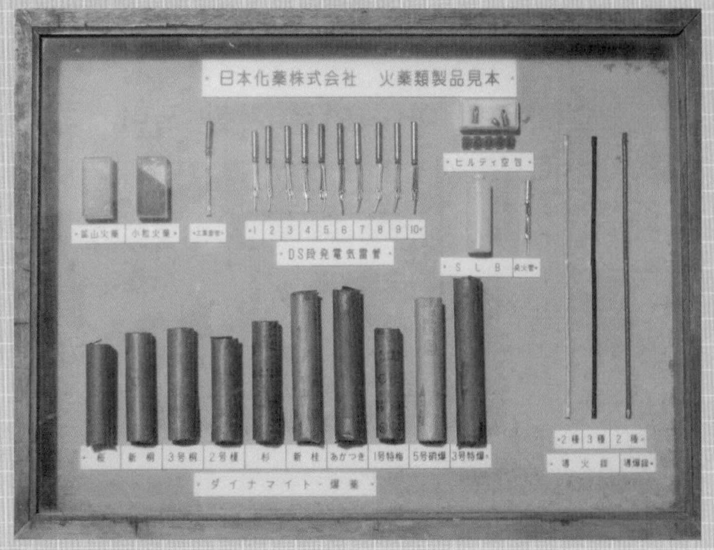

[그림 7-1] 액자에 있는 산업용 화약류의 제품 견본. 다이너마이트, 도화선, 뇌관 등이 수납되어 있다.

[그림 7-2] 화약류를 자동차로 운반할 때 차량 앞뒤에 붙이는 표식. 이 표식은 민간뿐만 아니라 자위대에도 적용되기 때문에 자위대 차량에 이 표식이 붙어 있는 것을 볼 수 있다.

화약류가 아닌 연료 기화 폭탄

화약이 반응하여 발생하는 열에너지는 크지 않다

화약류가 갖고 있는 에너지는 실은 그리 크지 않다. 방출하는 열에너지로 보면, 예를 들어 휘발유 1kg이 연소하여 발생하는 열에너지는 운용 폭약의 대표격인 TNT 1kg이 폭발했을 때 발생하는 열에너지의 10배나 된다. 그렇기 때문에 1kg의 화약이 폭발하는 것보다 1kg의 프로판가스나 휘발유 증기가 폭발하는 것이 10배나 더 강력하다.

그러나 화약은 바위를 파괴할 수 있는 반면, 가스 폭발로는 바위를 파괴하지 못한다. 그 이유는 화약의 폭발 반응 속도가 가스 폭발보다 월등히 빠르고, 물체에 가하는 충격 속도가 다르기 때문이다. 바로 여기에 화약류의 이용 가치가 있는 것이다. 하지만 전차나 진지를 파괴하는 것과 별개로, 보통 건물을 파괴하는 것이라면 가스 폭발이 효과적이다.

그래서 화약이 아닌 연료가 들어간 폭탄이 제작되었다. 우선 연료를 순간적으로 안개 상태로 확산시킨 다음 점화하여 가스 폭발을 시키는 것이다. 이것을 서모바릭(Thermobaric) 폭탄(연료 기화 폭탄 또는 열압력탄이라고 하며, 중국어로는 구름 폭탄)이라고 한다.

그런데 이 내용물을 서모바릭 폭약이라고 부르는 데는 의문을 품게 된다. 폭탄 안에 장전되어 있는 상태에서는 폭발물조차 없기 때문이다. 안개 상태가 된 순간 화약이 된 것일 수도 있지만, 화약류의 정의는 일반적으로 '고체 또는 액체'이다.

그리고 초기 서모바릭 폭탄에는 산화에틸렌이나 산화프로필렌과 같은 액체 연료가 사용되었는데, 현재는 할로겐 산화제, 알루미늄 분말, 마그네슘 분말 등의 고체 연료가 사용된다.

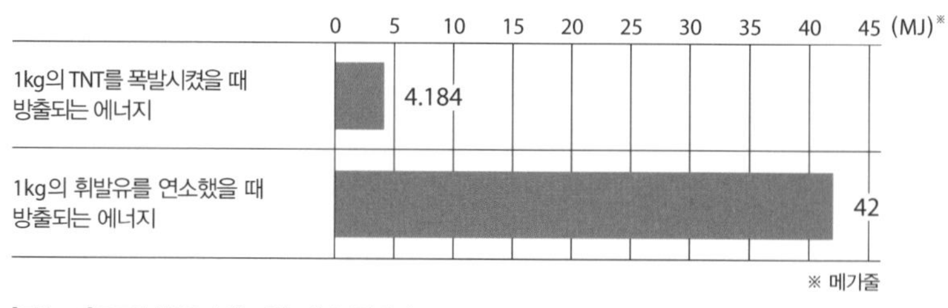

[그림 7-3] TNT와 휘발유가 갖고 있는 에너지의 차이

[그림 7-4] 실은 휘발유나 프로판가스가 TNT나 다이너마이트 등의 폭약보다 발생하는 에너지가 크다. 그래서 연료를 공기 중에 안개 상태로 확산시켜 가스 폭발과 같은 상태로 만드는 것이 서모바릭 폭탄이다. 사진은 BLU-118B 서모바릭 폭탄이다.

사진/미 육군

니트로글리세린은 심장병 약

화학적으로 화약이라 하더라도 법적으로 화약이 아닌 경우도 있다

요즘처럼 플라스틱이 발달하지 않았던 20세기 후반까지는 셀룰로이드라고 하는 것이 플라스틱으로서 사진 필름이나 문방구에서 볼 수 있는 책받침, 필통, 큐피 인형 등 다양한 제품에 이용되었다.

이 셀룰로이드는 니트로셀룰로오스, 즉 총탄이나 포탄을 발사하는 무연 화약과 같은 것이다. 이 때문에 불을 붙이면 기세 좋게 타오른다. 그래서 각종 플라스틱이 발달한 현재는 셀룰로이드로 생활용품을 만들지 않는다.

셀룰로이드의 성분이 무연 화약과 같은 것이라고 해도, 이것을 재료로 한 필통이나 책받침을 갖고 있다고 해서 화약류(폭발물) 단속법에 위반되었다고 하지는 않는다. 왜냐하면 법률에서는 화약류의 정의 안에 '추진적 폭발 용도에 이용된다'는 어구가 있어, 화학적인 성분이 어떻든 화약류가 아닌 용도로 제조되었다면 법적으로 화약류로 분류하지 않는다. 물론 셀룰로이드 책받침을 폭발시킬 생각으로 작게 잘라서 용기에 넣으면 화약을 제조한 것이 된다.

마찬가지로 니트로글리세린은 의약품으로 사용된다. 주로 심근경색이나 협심증 약으로 사용된다. 이 또한 의약품으로 이용되는 한 법적으로는 화약류로 취급하지 않는다. 물론 쉽게 연소하는 셀룰로이드와 달리, 니트로글리세린은 유리병에 들어 있는 것만으로도 매우 위험하다. 의약용 니트로글리세린 캡슐은 쉽게 사용할 수 있도록 적정량이 어딘가에 스며든 상태로 제조하기 때문에, 이것을 어딘가에 세게 부딪쳐도 폭발하지 않는다.

[그림 7-5] 수십 년 전 지금처럼 플라스틱이 발달하지 않았던 시대에는 니트로셀룰로오스가 플라스틱 대신 이용되었는데, 책받침, 필통, 인형, 가면, 필름 등 다양한 제품에 사용되었으며 매우 쉽게 연소되었다.

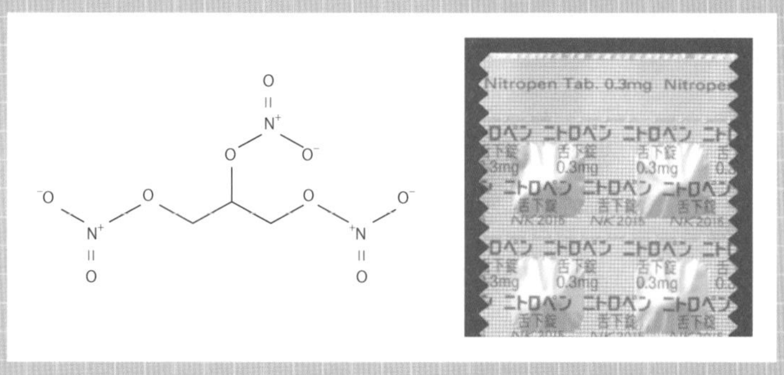

[그림 7-6] 니트로글리세린은 심근경색이나 협심증 약으로도 이용되고 있다. 필자는 이 원고를 쓰는 도중 심근경색으로 입원하였는데, 그때 처방받은 약이 니트로펜이다.

화약과 폭약

완성 화약류와 맹성 화약류

포탄을 발사할 때는 니트로셀룰로오스를 주성분으로 하는 무연 화약(19세기 이전에는 흑색 화약)이 사용된다. 만약 여기에 TNT나 피크르산과 같은 폭약을 사용하면 포탄이 날아가기도 전에 포신이 폭발할 것이다. 그럼 '양을 줄이면 되느냐' 하면 포신에 충격을 가하지 않을 정도로 미량인 폭약으로는 대부분의 포탄이 날아가지 않는다.

무연 화약이나 TNT와 같은 폭약도 1kg당 발생하는 열에너지는 거의 똑같다. 이는 그 화약이 폭연(deflagration)하는지 또는 폭굉(detonation)하는지에 따라 달라진다. 같은 양의 화약이 분해하여 나오는 열에너지가 같아도 100분의 1초로 그 에너지를 방출하는 것과 1만 분의 1초로 방출하는 것은 물체에 작용하는 충격이 다르다는 것을 의미한다.

폭연은 목탄이나 장작이 타는 것처럼 끝에 불을 붙이면 천천히 연소하는 상태이다. 그것이 화약인 경우에는 수 100m/초의 속도를 낸다.

이에 비해 폭굉은 불이 붙어 번지는 느낌이 아니라 폭약 덩어리 안에 수천 m/초의 충격파가 전달되면, 그 충격에 의해 폭약의 분자구조가 흔들려서 분해되는 것이다. 사람의 눈으로 보면 둘 다 폭발하는 것이지만, 폭연과 폭굉은 다른 현상이다. 폭연하는 화약류는 화약 또는 완성 화약류라고 하며, 폭굉하는 화약류는 폭약 또는 맹성 화약류라고 한다.

그리고 무연 화약은 불을 붙이면 폭연하지만, 기폭용 뇌관으로 기폭하면 폭굉한다. 화약의 종류에 따라 '폭연만 하는 것', '폭굉만 하는 것' 등 다양하다.

[그림 7–7] 포탄 발사에 사용되는 무연 화약과 포탄 안에 넣는 TNT와 같은 폭약은 1kg당 발생하는 에너지가 거의 같다.

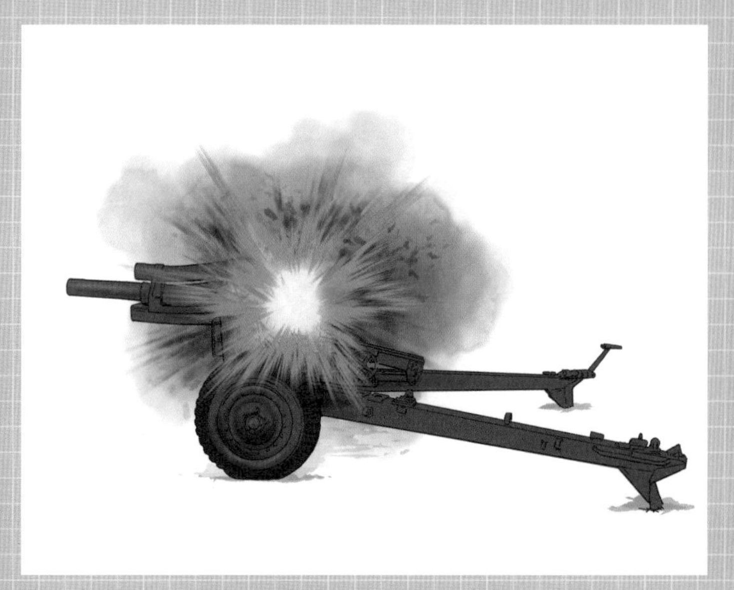

[그림 7–8] 그러나 TNT와 같은 폭약으로 포탄을 발사하려고 하면 포는 파괴된다.

무연 화약

식물 섬유를 질산으로 처리하여 알코올로 반죽한다

니트로셀룰로오스는 총포탄의 발사약으로 사용되는 무연 화약의 주성분이다. 셀룰로오스, 즉 식물섬유를 질산으로 처리하여 만들며, 면이 대표적인 니트로셀룰로오스이다. 면을 몇 시간 동안 질산에 담가 두기만 해도 니트로셀룰로오스가 된다.

산에서 추출하여 씻은 다음 건조해야 하는데, 질산에 담근 면은 원래의 면 형태를 유지하고 있지만 화약이 되어 불을 붙이면 기세 좋게 타오른다. 그래서 면화약(건 코튼)이라고도 한다.

그러나 질산으로 처리한 면화약은 연소 속도가 너무 빨라서 그 자체로는 발사약으로 사용할 수 없다. 에테르나 알코올을 첨가해 반죽해야 잘 녹아 젤라틴 상태가 된다. 이것을 적당한 사이즈와 형태로 하여 용제를 증발시키면 플라스틱 입자와 같은 발사약이 만들어진다. 니트로셀룰로오스는 다이너마이트 원료인 니트로글리세린으로도 녹여 성형할 수 있고, 니트로글리세린을 사용해 반죽하면 더 강력한 발사약을 만들 수 있다.

니트로셀룰로오스를 에테르와 같은 용제로 반죽해서 성형한 것을 싱글 베이스라고 하며, 니트로글리세린으로 짠 것을 더블 베이스라고 한다. 더블 베이스는 싱글 베이스보다 강력하지만, 연소 온도가 높고 포신 수명이 짧아서 여기에 니트로구아니딘을 첨가해 가스 발생량을 기준으로 연소 온도를 억제할 수 있게 한 것을 트리플 베이스라고 한다. 소화기(小火器)에는 주로 싱글 베이스가 사용되지만, 일부에는 더블 베이스가, 대포에는 더블 베이스나 트리플 베이스가 사용된다.

[그림 7-9] 지금도 취미로 화승총을 쏘는 사람을 위해 흑색 화약이 제조 · 판매되고 있다.

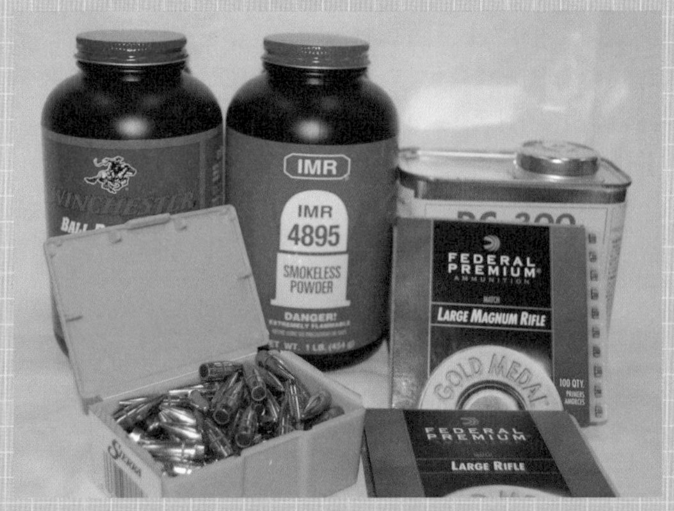

[그림 7-10] 시판되는 각종 소총용 무연 화약과 뇌관, 탄두

발사약의 연소 속도

연소 속도가 적절하지 않으면 포는 파괴된다

발사약의 과학적인 주성분은 대포용이나 권총, 소총용 모두 똑같다. 그러나 권총이나 소총용 발사약을 대포에 사용하면 포신이 파괴되거나 폐쇄기가 날아가기도 한다(①). 반대로 대포용 발사약을 소총에 넣으면 불완전 연소하여 탄이 조금도 날아가지 않는다(③). 이것은 성분이 똑같아도 입자의 크기나 모양이 다르고 연소 속도도 다르기 때문이다. 같은 무게의 목재를 연소하더라도 나무젓가락은 빨리 연소하고, 통나무는 천천히 연소하는 것과 같다. 발사약도 작은 입자로 성형된 것은 빨리 연소하고, 큰 입자로 성형된 것은 천천히 연소한다.

그리고 무거운 탄환을 발사할수록 천천히 연소하는 발사약을, 가벼운 탄환을 발사할수록 빨리 연소하는 발사약을 사용해야 한다. 무거운 탄환에 연소 속도가 빠른 발사약을 사용하면, 탄환은 좀처럼 전진하지 않는데 발사약은 점점 연소하여 압력(강압)이 높아진다. 압력이 높아지면 연소 속도가 더 빨라져 포가 파괴된다.

반대로 가벼운 탄환을 발사하는데 연소 속도가 느린 발사약을 사용하면 발사약이 제대로 연소하기도 전에 가벼운 탄환이 쉽게 움직이게 된다. 그러면 포신 내의 공간이 넓어지기 때문에 압력은 낮아지고 압력이 낮아지면 발사약의 연소가 더욱 늦어진다. 그 결과 '약한' 탄이 되는 것이다. 따라서 대구경 포에는 연소 속도가 느린 발사약을, 소구경 포에는 연소 속도가 빠른 발사약을 사용해야 한다.

그리고 구경이 같아도 박격포는 탄이 가볍고 포신을 통과하는 저항이 매우 작아서 계속 연소 속도가 빠른 발사약을 사용한다.

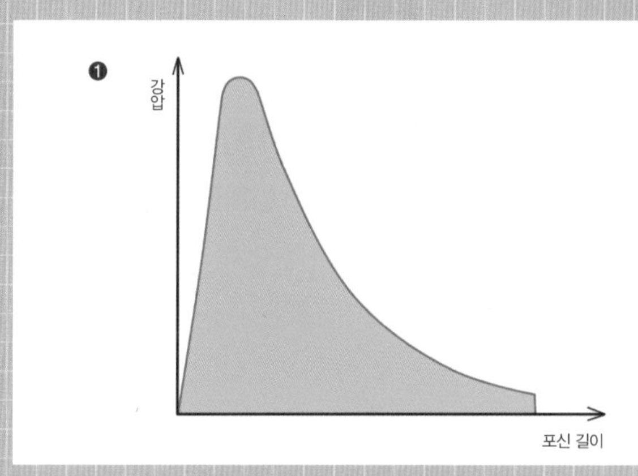

[그림 7-11] 연소 속도가 너무 빨라 포신에 걸리는 부하가 큰 데 비해 효율이 낮다.

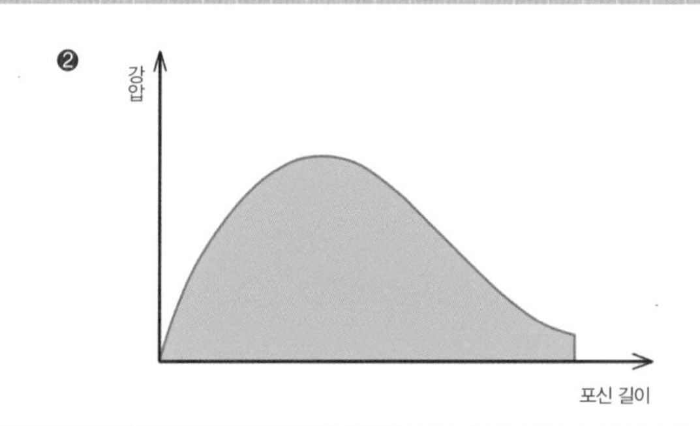

[그림 7-12] 적절한 연소 속도에서 낮은 강압으로 큰 에너지를 얻을 수 있다.

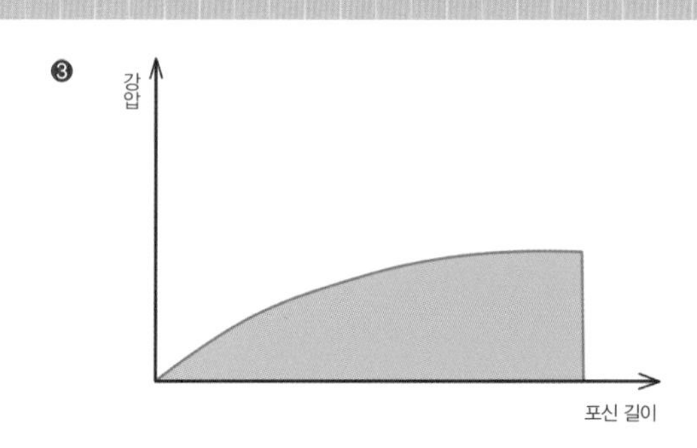

[그림 7-13] 연소 속도가 너무 느려 불완전 연소 화약이 포구에서 흩어지게 된다.

무연 화약의 변질

니트로셀룰로오스는 자연 분해한다

무연 화약은 시간이 경과하면 자연 분해하는 성질이 있다. 이 때문에 발명 당초에는 종종 폭발 사고를 일으켰다. 원인 불명의 폭발 사고를 일으켜 침몰한 군함이나 탄약고가 폭발하여 대참사를 일으킨 사례도 무연 화약의 자연 발화가 원인으로 추정된다.

무연 화약은 제조 공정에서 산이 남아 있으면 위험하기 때문에 잘 세척하여 산을 제거하지만, 세척한다고 해서 무연 화약의 자연 분해를 100% 방지할 수 있는 것은 아니다. 분해하면서 산을 방출하게 되면 더욱 분해를 촉진해 결국 폭발에 이른다.

그래서 분해에 의해 발생한 산을 중화하여 조금씩 분해해도 자연 발화하지 않도록 안정제가 추가된다. 초기 안정제는 바셀린이나 디페닐아민이었는데, 지금은 안정제나 교화제가 되기도 하는 센트랄리트, 디페닐우레탄 등이 사용된다. 그러나 안정제는 자연 발화만 방지할 뿐 분해를 방지하지는 못한다.

물론 현재 화약은 품질 관리가 잘되어 5년이나 10년 동안 보존해도 자연 발화는커녕 대부분 변질되지 않는다. 그러나 시간이 더 흐르면 정상적으로 탄이 날지 않게 되고 더 나아가서는 불발이나 지연발사(방아쇠를 당긴 후 조금 늦게 탄이 나가는 것)가 발생한다. 또 '안정제를 넣어서 수십 년 보관해도 절대 자연 발화하지 않는다'는 보장도 할 수 없다.

오래되어 변질이 진행된 무연 화약은 조금 시큼한 냄새가 나거나 습해진다. 그러한 무연 화약을 철 용기에 넣어 두면 용기에 녹이 생긴다. 이것은 위험 신호를 보내는 것이다.

무연 화약(에 국한되지 않는 탄약류)에는 식품의 유통기한 같은 기한은 설정되어 있지 않다. 보관하는 환경 조건이 모두 다르기 때문이다. 이 때문에 정기적으로 샘플 검사를 한다. 같은 해, 같은 공장에서 만들어진 탄약 중에서 샘플을 채취해 안정도 시험을 하는 것이다.

안정도 시험에는 몇 가지 종류가 있는데, 주로 무연 화약의 안정도 시험으로 실시되는 것이 유리산 시험이다. [그림 7-14]처럼 유리 용기에 파란색 리트머스 시험지를 매달고 6시간 이내에 시험지가 붉게 변색하면 불합격이다.

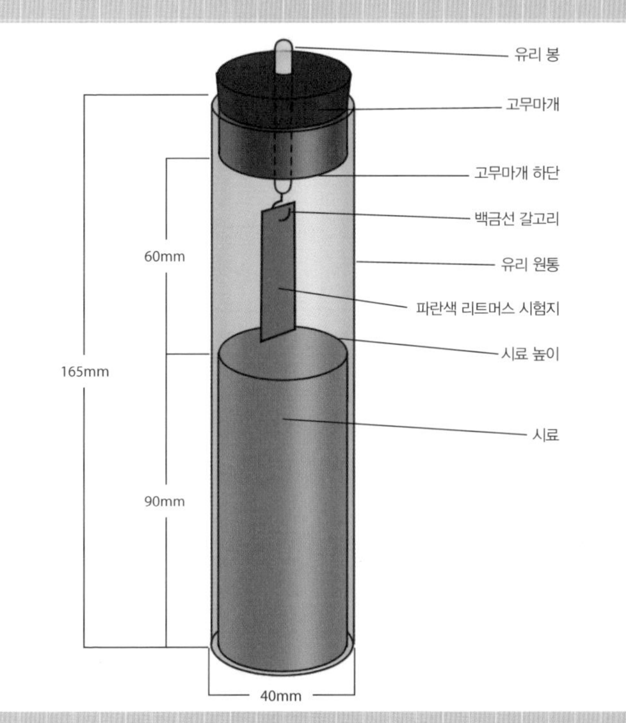

[그림 7-14] 유리산 시험

무연 화약(시료)이 변질되어 산이 발생하면 파란색 리트머스 시험지가 붉은색으로 변한다.

피크르산과 TNT

러일전쟁의 시모세 화약은 피크르산이다

피크르산(picric acid)은 18세기부터 양모를 노란색으로 염색하는 염료로 사용되었는데, 당초에는 폭발물이라는 사실조차 알려지지 않았으며, 19세기 중반 폭발물이라는 사실이 알려지면서 19세기 말 폭약으로 사용하게 되었다.

일본 해군에서는 시모세 마사치카 기사가 실용화한 데서 시모세 화약이라고 부르며, 러일전쟁에서 해군의 포탄에 장전되었다. 노란색이어서 육군에서는 황색약이라고 불렀다. 시모세 화약은 분말 상태인 경우 너무 민감해서 열로 녹여 포탄에 넣는데, 제대로 깔끔하게 들어가지 않아 공동 부분이 생기면 발사 충격으로 포탄이 자폭하여 포신이 파괴되는 사고도 있었다. 그래도 당시 러시아군은 아직 포탄의 작약으로 흑색 화약을 사용했기 때문에 이것과 비교하면 시모세 화약은 절대적인 파괴력을 자랑했다.

20세기가 되자 TNT가 실용화되었다. 81℃에서 녹기 때문에 포탄에 쉽게 넣을 수 있고 충격에도 강해 안전성이 높은 폭약이다. 색깔이 갈색이어서 일본군은 차갈약이라고 불렀다.

그리고 TNT는 석유를 원료로 제작하는 데 비해 피크르산은 석탄으로도 만들 수 있어서, 일본군에서는 포탄 이외의 수류탄 작약이나 공병용 폭파약 등에 피크르산을 계속 사용하였다.

또 피크르산을 바탕으로 TNT에 가까운 성질의 TNA라고 하는 담황색 폭약도 만들어져 일본군의 포탄으로 사용되었다. 폭발력은 TNT나 피크르산보다 조금 뒤떨어지지만, 둔감해서 안전성이 뛰어났다. 그러나 수분을 쉽게 흡수하여 수분과 접촉하면 피크르산으로 환원되는 문제가 있었다.

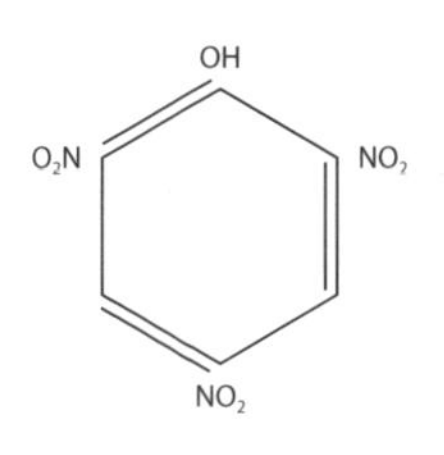

〈표 7-1〉 피크르산

비중	1.6~1.7
발화점	300~310℃
녹는점	122.5℃
폭속	7,100m/초

[그림 7-15] 시모세 마사치카는 고부대학교(도쿄대학 공학부의 전신 중 하나) 졸업 후 대장성 인쇄국을 거쳐 해군병기제조소[이후 해군 조병창(조선소)]에 입소한다. 화약 연구에 종사하여 개발한 '시모세 화약'의 실용화에 성공하였다. 시모세 화약은 해군에 채택되어 러일전쟁에서 큰 성과를 거두었다.
사진/국립 국회도서관

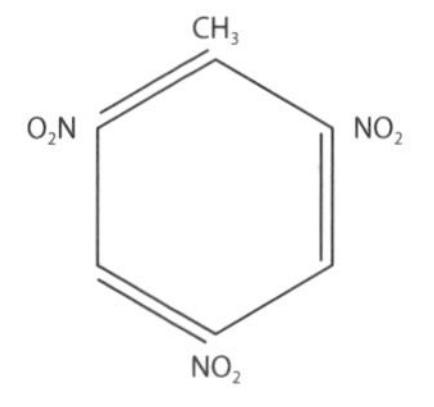

〈표 7-2〉 TNT

비중	1.66
발화점	295~300℃
녹는점	81.5℃
폭속	6,800m/초

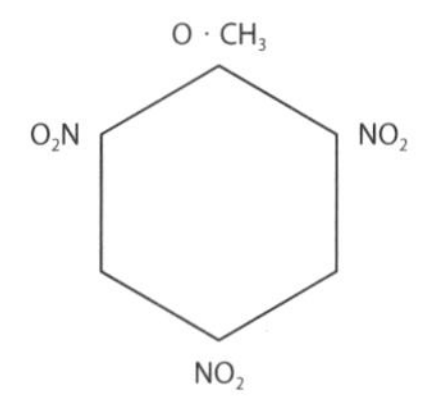

〈표 7-3〉 TNA

비중	1.4
발화점	295~300℃
녹는점	66℃
폭속	6,800m/초

초안과 아마톨

비료를 폭약으로 사용한다

초안은 정식 명칭이 질산암모늄(ammonium nitrate)이며, 화학비료로 농업에 이용된다. 폭약으로 이용하면 질산암모늄 폭약이라고 부른다. 굉장히 둔감해서 기폭용 뇌관이나 도폭선 정도로는 폭굉하지 않는다.

질산암모늄은 질산암모늄의 큰 덩어리 안에 TNT나 다이너마이트와 같은 폭약을 한 덩어리 넣어 폭발시키면 겨우 폭굉하는 정도라서 공병대가 도로 폭파약 등에 이용한다.

그렇기 때문에 질산암모늄은 그 자체로는 포탄이나 폭탄의 작약으로는 사용할 수 없다. 하지만 그 둔감함에 방심하여 대량으로 집적되어 있던 것이 폭발함으로써 대참사를 일으킨 사례도 있다.

질산암모늄은 폭약으로 사용하기에는 너무 둔감해서 감도를 높이기 위해 다이니트로벤젠이나 다이니트로나프탈린, 다이니트로톨루엔과 같은 것을 첨가하기도 한다.

질산암모늄과 TNT를 혼합한 것이 아마톨(amatol)이다. TNT는 고성능이지만 제조 비용이 많이 들어 저렴한 질산암모늄을 섞어 주로 대량으로 사용하는 항공용 폭탄에 이용되었다. TNT는 그 성분에 산소가 부족하지만, 반대로 질산암모늄에는 산소가 있어서 두 개를 섞는 것이 효과적이었다. 또 질산암모늄과 TNT에 알루미늄 분말을 첨가한 것이 암모날(ammonal)로, 알루미늄 분말을 첨가하면 폭발력이 증대된다.

그리고 제품으로 존재하지는 않지만 대규모 폭파할 때 초안 및 경유와 같은 연료를 콘크리트 믹서 등으로 섞어 구멍에 흘려 넣는 초안 유제 폭약을 만드는 경우가 있다. 저렴하고 안전성이 높아서 광산이나 토목공사에 자주 이용된다.

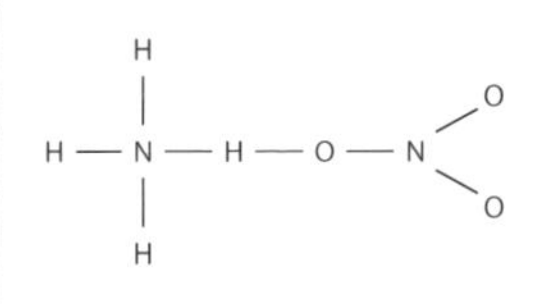

〈표 7-4〉 초안(질산암모늄)

비중	0.9~1.1
발화점	일단 '불연성'으로 구분된다.
녹는점	170℃
폭속	4,000~5,000m/초

[그림 7-16] 시판 중인 즉냉 팩에는 질산암모늄이 사용된다. 질산암모늄과 요소, 물 팩이 들어 있어서 두드리면 물 팩이 파괴되어 질산암모늄과 요소가 녹는다. 이때 흡열반응이 일어나 냉각된다. 이처럼 의외 제품의 주성분으로 사용된다(여러 회사에서 비슷한 제품이 판매되고 있다). 그러나 이 질산암모늄을 많이 모은다고 해서 쉽게 기폭하는 것은 아니다. 그리고 일본의 기상 조건과 맞지 않아 질산암모늄을 비료로 보급하지는 않는다.

헥소겐과 옥토겐

기관포탄이나 C4 폭약에도 사용된다

헥소겐(hexogen)은 화학명이 트리메틸렌트리니트라민이며, 미군은 RDX(Research Department Explosive)라고 부른다. 피크르산보다 20% 정도 강력해서 작은 탄으로 큰 위력을 내고 싶은 기관포탄에 주로 사용되며 수류탄에 쓰이기도 한다. 또 질산암모늄이나 아마톨과 같은 둔감한 폭약을 제대로 폭굉하기 위해 전폭약으로도 이용되며, 도폭선의 심약이나 폭파용 뇌관의 기폭력을 높이는 첨장약으로도 사용된다.

그러나 저렴하게 대량 생산하기 쉽지 않아서 큰 포폭탄에는 TNT와 섞어 사용하기도 한다. 미군에서는 RDX와 TNT를 6:4의 비율로 섞은 것을 컴포지션B라고 하며, 일본에서는 컴포지션B를 3호 폭약이라고 부른다.

왁스를 첨가해 점토와 같은 가소성을 부여한 것을 플라스틱 폭약이라고 하며, 미군이 사용하는 C3나 C4가 대표적인 플라스틱 폭약이다. 또 점착 유탄의 작약에도 RDX와 왁스를 섞은 가소성 폭약이 사용된다.

그러나 RDX는 포탄의 고속화에 의한 공력 가열로 조기 폭발할 우려가 있어, RDX를 대체하는 것으로 개발된 것이 HMX(사이클로테트라메틸렌테트라니트라민*)이다. 이를 옥토겐(octogen)이라고도 하며, 대함미사일 하푼의 작약에 사용된다.

HMX 75%, TNT 25%를 섞은 것이 옥톨(octol)이며, 칼구스타프 84mm 무반동포에 사용하는 대전차 유탄의 작약으로도 사용된다.

* cyclotetramethylenetetetranitramine

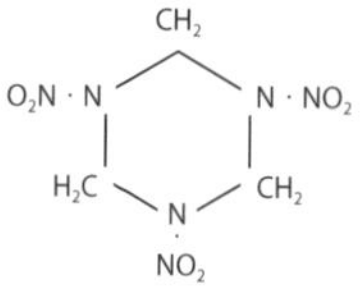

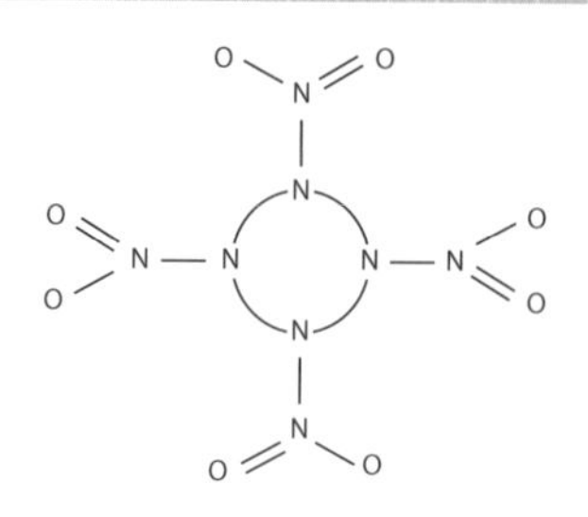

〈표 7-5〉 헥소겐

비중	1.73
발화점	230℃
녹는점	204℃
폭속	8,500m/초

〈표 7-6〉 옥토겐

비중	1.9
발화점	336℃
녹는점	275℃
폭속	9,120m/초

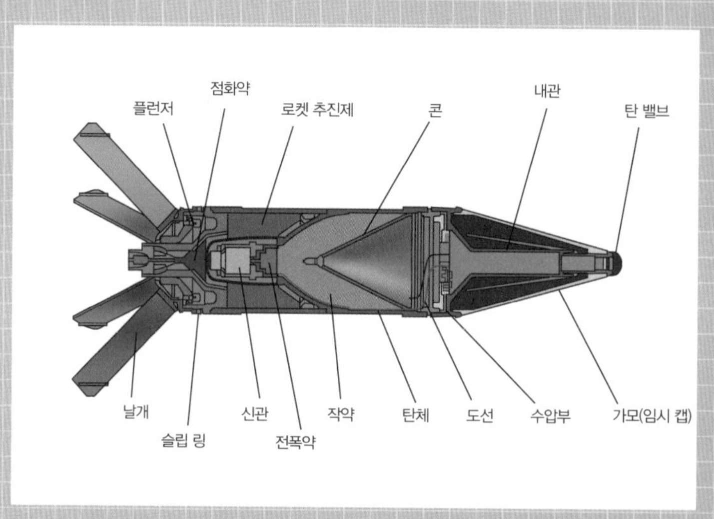

[그림 7-17] 칼구스타프 84mm 무반동포에 사용하는 FFV551 대전차 유탄에는 옥톨 500g이 들어 있다.

펜트리트와 테트릴

제로전투기의 20mm 기총탄은 펜트리트와 TNT의 혼합물이다

펜트리트(pentrit)는 펜트라이트(penthrite)라고도 하며, 화학명이 펜타에리트리톨 테트라니트레이트(pentaerythritol tetranitrate)인 백색 결정이다. 마찰이나 화염에는 둔감하지만, 비교적 충격에는 민감해서 기폭용 뇌관으로 폭굉한다. 이 때문에 TNT나 암모날 등 기폭용 뇌관만으로는 폭굉하기 어려운 둔감한 폭약을 기폭하기 위한 전폭약으로 이용하며, 도폭선의 심약이나 폭파용 뇌관의 기폭력을 높이기 위한 첨장약으로도 쓰인다. 쉽게 기폭할 수 있도록 TNT에 섞어서 사용하기도 한다.

TNT와 펜트리트를 혼합한 작약을 펜토라이트(pentolite)라고 한다. 예전에 제로전투기 20mm 기총탄에 장전되었던 작약은 펜트리트 40%와 TNT 60%의 혼합물이었다. 또 미군의 57mm 무반동포 대전차 유탄에는 50:50인 것이 사용되었다.

테트릴(tetryl)의 화학명은 2, 4, 6트리니트로페닐메틸니트라민*이다. 황백색의 침상 결정으로, 피크르산보다 강력하지만 민감하다. 이 때문에 그 자체를 작약으로 하여 포탄이나 폭탄에 장전하는 경우는 거의 없지만(37mm 기관포탄에 사용된 예는 있음), 신관의 전폭약이나 기폭용 뇌관의 첨장약으로 이용된다. 예를 들면 칼구스타프 84mm 무반동포의 유탄 전폭약으로 사용한다. 또 TNT와 테트릴을 섞은 작약은 테트리톨(tetritol)이라고 부른다. 미군의 C4 폭약에는 사용되지 않지만, 그 외 국가의 플라스틱 폭약 중에는 테트릴을 주성분으로 한 것도 있다.

---

* 2,4,6–Trinitrophenylmethylnitramine

〈표 7-7〉 펜트리트

비중	1.77
발화점	215℃
녹는점	141.3℃
폭속	8,300m/초

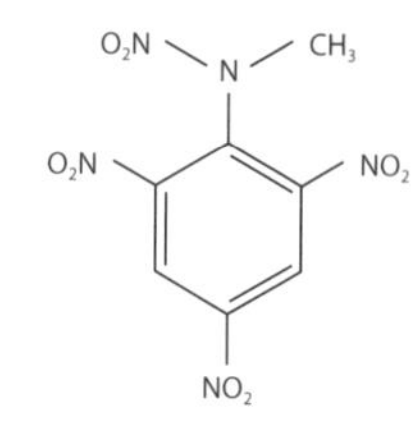

〈표 7-8〉 테트릴

비중	1.73
발화점	190℃
녹는점	129.5℃
폭속	7,850m/초

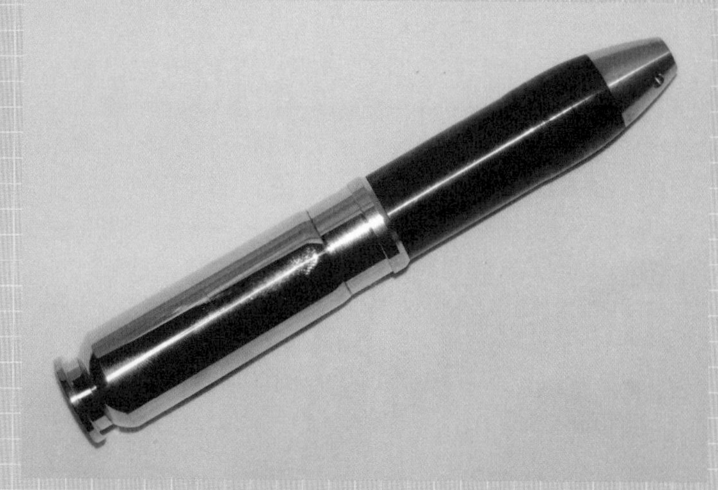

[그림 7-18] 제로전투기의 20mm 기총탄에는 펜트리트 40%, TNT 60%를 혼합한 작약이 장전된다.

기폭약

뇌홍, 트리시네이트, 아지드화납, DDNP 등

약협 바닥에는 발사약에 점화하기 위한 격발 뇌관(percussion cap)이 부착되어 있다. 19~20세기 후반까지 격발 뇌관에 장전되는 기폭약으로 뇌홍(뇌산수은)*이 쓰였다. 뇌홍은 수은에 질산을 작용시켜 만드는 청백색 결정으로, 폭파용 뇌관에도 사용되었다.

그러나 수은을 사용하기 때문에 고가인 데다 독성이 있어 발화 후에 보어(총기의 총열 안쪽 지름-역주)를 부식시킬 수 있고, 장기 보존하면 자연 분해한다는 점 때문에 20세기 후반부터 트리시네이트(tricinate)를 사용하게 되었다.** 그러나 트리시네이트는 기폭력이 약해서 격발 뇌관에는 사용할 수 있지만 기폭용 뇌관에는 사용할 수 없다.

따라서 신관 내부에 넣어 작약을 기폭하는 용도로 사용하기 위해서는 아지드화납(lead azide)이나 DDNP(디아조디니트로페놀),*** 펜트리트와 같은 비교적 민감한 폭약을 전폭약으로 장착해야 한다. 제2차 세계대전 때는 주로 아지드화납을 포폭탄의 전폭약으로 사용하였지만, 최근에는 DDNP가 주류가 되었다. 폭파용 뇌관도 지금은 뇌홍을 사용하지 않으며, 아지드화납도 사용 빈도가 높지 않고 주로 DDNP를 사용한다.

포폭탄의 작약을 폭굉시키는 것이 아니라 발사용 장약에 점화하기 위해서는 화관이라는 것이 필요하다. 소총탄 정도라면 격발 뇌관만으로도 점화할 수 있지만, 대포의 장약 정도 되면 뇌관만으로는 점화할 수 없다. 그런데 무연 화약은 기폭약을 많이 사용하면 폭굉을 일으킨다. 그래서 흑색 화약을 장전한 화관에 뇌관으로 불을 붙인다.

---

* fulminate of mercury

** 화학명은 트리니트로레조르신납(lead trinitroresorcinate)

*** diazodinitrophenol

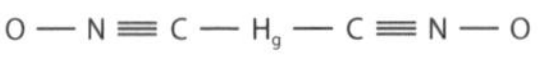

$O - N \equiv C - H_g - C \equiv N - O$

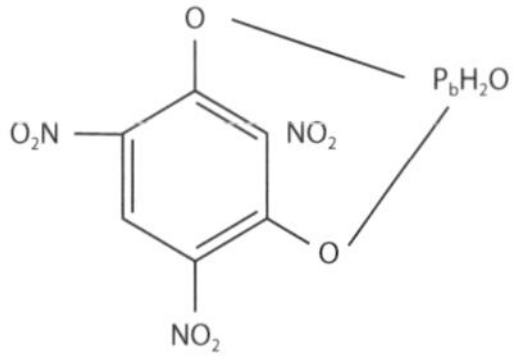

〈표 7-9〉 뇌홍(뇌산수은)

비중	4.42
발화점	170~190℃
폭속	4,000m/초

〈표 7-10〉 트리시네이트

비중	1.0~1.6
발화점	280℃
폭속	4,900m/초

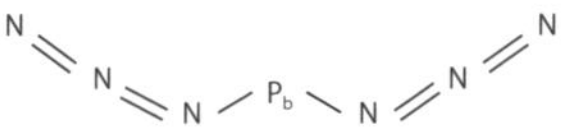

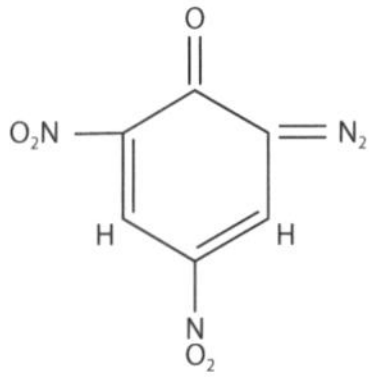

〈표 7-11〉 아지드화납

비중	4.71
발화점	320~360℃
폭속	4,500m/초

〈표 7-12〉 DDNP

비중	1.63
발화점	180℃
폭속	6,900m/초

다이너마이트와 칼릿

민간용이지만 공병대가 사용하기도 한다

다이너마이트(dynamite)와 칼릿(carlit)은 공병대 작업에서 이용한다. 광산이나 토목공사에 사용되는 민간용 폭약으로, 군용 포탄이나 폭탄에는 전혀 사용되지 않는다.

다이너마이트는 니트로글리세린을 주성분으로 하는 폭약이다. 니트로글리세린은 너무 민감해서 수송 중 진동에 의해 폭발하는 등 매우 실용적이지 못하다. 그러나 이 니트로글리세린을 어떤 가루 상태에 흡수시키면 안정되는데, 규조토라는 미세한 점토 분말에 침투시킨 것이 규조토 다이너마이트이다. 그런데 규조토는 완전한 불연성 물질이다.

그래서 질산나트륨이나 톱밥, 유황 등의 가연물에 니트로글리세린을 침투시킨 것(스트레이트 다이너마이트라고 함)이 있는데, 이것도 니트로글리세린이 쉽게 침투하거나 동결된다.

니트로셀룰로오스와 니트로글리세린을 섞어 젤리 상태로 만든 것이 젤라틴 다이너마이트이다. 발사약인 더블 베이스도 니트로셀룰로오스와 니트로글리세린으로 만들지만, 발사약의 경우에는 니트로글리세린이 약 30%, 다이너마이트의 경우 제품마다 다르지만 거의 니트로글리세린이 50~90%이며 다양한 제품이 있다.

칼릿은 과염소산암모늄과 규소철, 톱밥, 경유 등을 혼합한 폭약으로, 이 또한 다양한 제품이 있다. 칼릿은 안정적이어서 다이너마이트보다 쉽게 변질되지 않는다는 장점이 있지만, 폭발력 면에서는 뒤처진다. 보통 작약에는 사용되지 않으나, 해군에서는 기뢰나 폭뢰에 사용했다. 또 공병대의 가방형 폭약(휴대 장약)으로 사용되었으며 대전차 육박 공격에도 사용되었다.

〈표 7–13〉 일본의 다이너마이트 종류

종류(급)	특징
소나무 다이너마이트	대부분 니트로 젤로 이루어져 있으며, 내수 · 내습성이 특징인 교질(콜로이드) 상태의 폭약
벚나무 다이너마이트	니트로 젤을 기제로 하며, 질산칼륨 또는 질산나트륨을 함유하고, 내수 · 내습성이 특징인 교질 상태의 폭약
오동나무 다이너마이트	니트로 젤을 기제로 하며, 주로 질산암모늄을 함유한 교질 상태의 폭약
팽나무 다이너마이트	니트로 젤을 기제로 하며, 질산암모늄 이외에 질산칼륨 또는 질산나트륨을 함유하고, 특히 후가스를 고려한 교질 상태의 폭약
계수나무 다이너마이트	니트로 젤을 기제로 하며, 질산암모늄을 함유한 분말 상태 또는 반교질 상태의 폭약
매화나무 다이너마이트	니트로 젤을 기제로 하며, 질산암모늄 및 감열소염제를 함유한 교질 상태의 검정 폭약
초안(질산암모늄) 다이너마이트	니트로 젤을 기제로 하며, 질산암모늄 및 감열소염제를 함유한 분말 상태 또는 반교질 상태의 검정 폭약

일본에서는 다이너마이트 종류에 소나무나 매화나무처럼 식물 이름이 사용되는데, 어째서인지 대나무 다이너마이트는 없다.

〈표 7–14〉 일본의 칼릿 종류

종류(급)	특징
검정 칼릿	과염소산염을 기제로 하며, 규소철을 함유한 갱외 전용 분말 상태의 폭약
보라 칼릿	과염소산염을 기제로 하며, 규소철을 함유한 분말 상태의 폭약
남색 칼릿	과염소산염을 기제로 하며, 질산암모늄을 함유한 분말 상태의 폭약
파랑 칼릿	과염소산염을 기제로 하며, 질산암모늄, 질산나트륨 등을 함유하고 특히 후가스를 고려한 분말 상태의 폭약
주황 칼릿	과염소산염을 기제로 하며, 질산나트륨을 함유하고 특히 후가스를 고려한 분말 상태의 폭약

폭약은 물에 닿아도 폭발

폭굉파는 물속에서 더 잘 전달된다

화약은 물에 젖으면 폭발하지 않는다고 생각하는 사람이 많은 것 같다. 흑색 화약은 분명 그렇다. 불꽃 종류도 그럴 것이다. 확실히 물에 닿은 것은 좀처럼 연소하지 않는다. 즉, 젖은 화약은 폭연하기 어렵다.

그러나 폭굉(폭발)은 다르다. 대부분의 폭약은 물에 젖어도 폭굉한다. 폭굉은 불의 연소가 빠르다는 현상과는 다르다. 폭굉은 충격파가 폭약의 분자 구조를 흔들어 발생한다. 그렇기 때문에 물속에서도 폭굉은 전달된다. 따라서 물속에 두 개의 폭약을 조금 떨어진 곳에 둔 다음, 한 개를 폭발시키면 옆에 있는 폭약도 폭발시킬 수 있다.

슬러리 폭약이라는 것이 있다. 이 폭약은 제품으로 판매되지는 않고, 폭파 현장에서 배합한다. 초안(질산암모늄) 45~60%에 감도를 높이기 위해 TNT를 최대 30%나 섞는 예도 있지만, TNT를 섞지 않고 15% 이하의 알루미늄 분말을 섞는 예도 있다. 그리고 물을 15~25% 섞어 걸쭉하게 만든 다음 폭파하고 싶은 구멍을 메운다.

젖어 있거나 습한 곳이 아니라, 물을 25% 함유하여 구멍에 부을 수 있는 정도의 상태에서 폭파용 뇌관과 수백 g의 전폭약에 폭발 충격을 가하면 폭굉한다(그러나 기폭용 뇌관과 전폭약을 사용하지 않는 한 어떤 충격이나 화염으로도 폭발하지는 않는다). 섞인 물은 폭발과 함께 수증기가 되어 구멍 속의 압력을 높이기 때문에 산을 무너뜨리는 정도의 폭파에는 매우 효과적이다. 이 질산암모늄을 물로 녹인 폭약을 슬러리 폭약이라고 하며, 미국이나 캐나다, 스웨덴 광산에서 많이 사용된다.

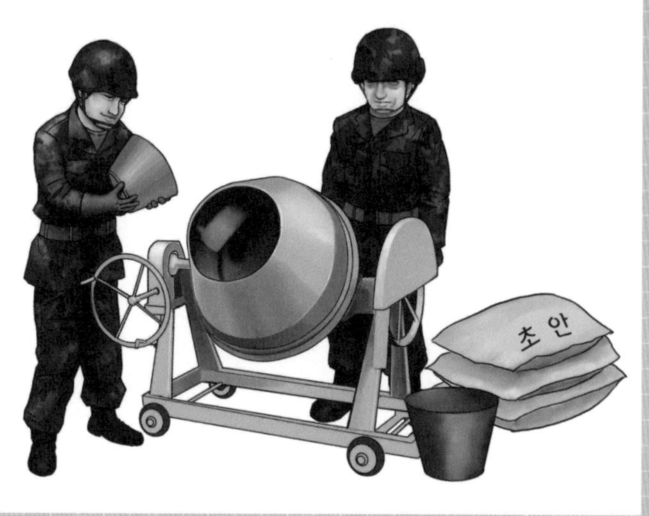

[그림 7-19] 슬러리 폭약의 배합은 실로 재미있는 것으로, 마치 시멘트를 반죽하는 것처럼 콘크리트 믹서를 이용하여 질산암모늄과 물 그리고 그 외(알루미늄 분말 등) 재료를 섞는다. 물은 폭발로 수증기가 되어 구멍 안의 가스 압력을 높이기 때문에 산을 붕괴하는 정도의 작업에는 효과적이다.

마이크로 세계에서도 폭파할 수 있다

니트로글리세린이 심장병 약이기도 한 것처럼, 화약은 의료용으로도 사용된다. 그렇다고는 하나 심장병 약인 니트로글리세린은 화약으로서 폭발시키는 것은 아니다.

그러나 의료 행위로 화약을 정말 사람의 몸 안에서 폭발시키는 예도 있다. 신장결석 파쇄가 바로 그것이다. 폭약 종류에 따라서는 너무 미량이면 폭굉을 일으키지 않는 것도 있지만, 아지드화납 등 수 mg 정도의 미량으로도 전기 발화시켜 폭굉 가능한 것도 있다. 이것을 결석이 있는 곳까지 요관을 통해 이동시켜 결석을 폭파하는 것이다.

또 직접 폭파하는 방법 이외에도 하단 그림처럼 장치 안에서 화약을 폭발시켜 결석에 핀 해머로 충격을 가해 파쇄하는 방법도 있다.

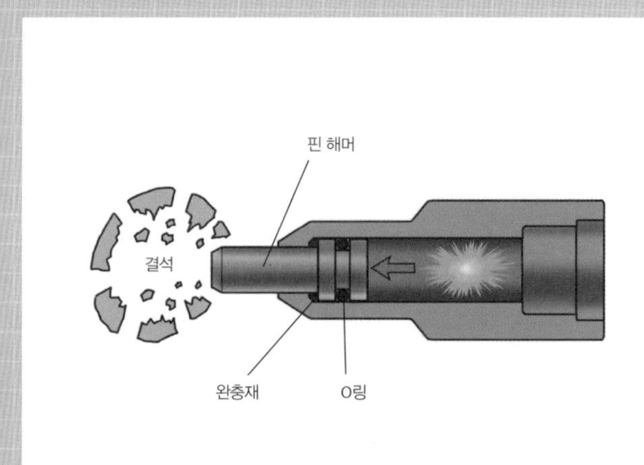

주요 참고 도서

P. E. クリーター/著，中条 健/訳，『人類と兵器』，経済往来社，1968

イアン・V・フォッグ/著，小野佐吉郎/訳，『大砲撃戦』，サンケイ新聞社出版局，1972

イアン・フォッグ/著，関口幸男/訳，『手榴弾・迫撃砲』，サンケイ新聞社出版局，1974

コーエー出版部/編，『自衛隊装備名鑑 1954-2006』，光栄，2007

久保田波之介/著，『火薬のはなし』，日刊工業新聞社，1996

金子常規/著，『兵器と戦術の世界史』，原書房，1979

木村 真，鈴木善孝/共編，『火薬技術者必携』，産業図書，1982

兵頭二十八/著，『日本の陸軍歩兵兵器』，銀河出版，1995

床井雅美/著，『ドイツの小火器のすべて』，国際出版，1976

小橋良夫/著，『世界兵器図鑑(日本編)』，国際出版，1973

小都 元/著，『核兵器事典』，新紀元社，2005

小山弘健/著，『図説世界軍事技術史』，芳賀書店，1972

岩堂憲人/著，『世界兵器図鑑(アメリカ編)』，国際出版，1973

野崎竜介/著，『世界兵器図鑑(共産諸国編)』，国際出版，1974

戦車マガジン編集部/編，『第二次大戦のドイツのスーパー兵器』，戦車マガジン，1984

戦車マガジン編集部/編，『第二次大戦のドイツ戦闘兵器の全貌』，戦車マガジン，1982

佐山二郎/著，『大砲入門』，光人，2008

佐山二郎/著，『野砲 山砲』，光人社，2012

千藤三千造/著，『火薬』，共立出版，1969

下井信弘/著，『地雷撲滅をめざす技術』，森北出版，2002

航空ファン編集部/編，『第二次大戦の列車砲写真集』，文林堂，1977

하루 한 권, 중화기의 과학

초판 1쇄 발행 2023년 10월 31일
초판 2쇄 발행 2024년 02월 29일

지은이 가노 요시노리
옮긴이 김현정
발행인 채종준

출판총괄 박능원
국제업무 채보라
책임편집 조지원 · 박나리
마케팅 문선영
전자책 정담자리

브랜드 드루
주소 경기도 파주시 회동길 230 (문발동)
투고문의 ksibook13@kstudy.com

발행처 한국학술정보(주)
출판신고 2003년 9월 25일 제 406-2003-000012호
인쇄 북토리

ISBN 979-11-6983-715-6 04400
979-11-6983-178-9 (세트)

드루는 한국학술정보(주)의 지식 · 교양도서 출판 브랜드입니다.
세상의 모든 지식을 두루두루 모아 독자에게 내보인다는 뜻을 담았습니다.
지적인 호기심을 해결하고 생각에 깊이를 더할 수 있도록, 보다 가치 있는 책을 만들고자 합니다.